EL HYPERLOOP

INNOVANT PUBLISHING
SC Trade Center: Av. de Les Corts Catalanes 5-7
08174, Sant Cugat del Vallès, Barcelona, España
© 2021, Innovant Publishing
© 2021, Trialtea USA, L.C.

Director general: Xavier Ferreres
Director editorial: Pablo Montañez
Coordinación editorial: Adriana Narváez
Producción: Xavier Clos

Diseño de maqueta: Oriol Figueras
Maquetación: Mariana Valladares
Redacción: Sergio Canclini
Edición: Ricardo Franco
Corrección: Karina Garofalo
Ilustración: Roberto Risorti (pág. 37, 92, 93, 118 y 119)
Créditos fotográficos: Créditos fotográficos: "Ciudad del futuro con
sistema Hyperloop", "Cliper", "Sello postal en homenaje al transatlántico
RMS Mauretania", "Comedor del RMS Titanic", "Allure of the Seas",
"Symphony of the Seas en el puerto de Miami", "Parque acuático en el
Symphony of the Seas", "Ferri entre Calais y Dover", "Tren antiguo con
locomotora a vapor", "Tren de la línea Tokaido-Shinkansen", "Ilustración
conceptual del tren de levitación magnética", "Shanghái Maglev",
"Pista de pruebas del Maglev en Yamanashi", "De Havilland Comet
Airliner 1XB", "Despegue de un Airbus A380", "Cabina del Airbus 380",
"Antónov An-225 Mriya", "Scaled Composites Model 351 Stratolaunch",
"Ilustración de tren de levitación magnética", "Ilustración de tren
monorriel Hyperloop", "Elon Musk", "Plataforma de lanzamiento de
SpaceX", "Nikola Tesla", "Proyecto Hyperloop", "Tubos para el sistema
Hyperloop", "Ilustración sobre el funcionamiento del sistema Hyperloop",
(©Shutterstock) "BYD K12A" (©prensa BYD Eléctricos) "Hidroavión", Harry
Payne (©Album-online) "Pista de pruebas de Virgin Hyperloop One",
"Empresa Virgin Hyperloop One", "Interior del tubo de Hyperloop",
"Futura terminal portuaria", "Entrega de mercadería mediante DP World
Cargospeed", (© Virgin Hyperloop One)

ISBN: 978-1-68165-879-7
Library of Congress: 2021933751

Impreso en Estados Unidos de América
Printed in the United States

ÍNDICE

INTRODUCCIÓN

E s una verdad irrefutable: hace más de un siglo que la humanidad no desarrolla un nuevo modo de transporte en masa que sea sustentable. Las rutas, colapsadas; los aeropuertos, con demanda permanentemente creciente; los puertos, congestionados, y una economía global como la que nos convoca en este nuevo milenio, que requiere un avance fundamental en la materia. Necesitamos medios de transporte, tanto para pasajeros como para cargas, que sean más veloces y económicos, pero también eficientes en términos energéticos, libres de emisiones contaminantes para el medio ambiente, autónomos y, por supuesto, más seguros para sus pasajeros.

Bajo esta premisa nace el Hyperloop, un concepto de transporte totalmente revolucionario cuya génesis, aunque parezca extraño, tiene varios años de existencia. Sin embargo, fue a principios de la década anterior cuando Elon Musk (1971-) empezó a buscar la forma de convertir esta utopía perdida en el tiempo en un proyecto real y tangible: un medio de transporte que aunara características acordes con las exigencias de una nueva sociedad. Las 58 páginas del *Hyperloop Alpha* donde se detallan la producción, el desarrollo y el funcionamiento del concepto fueron suficientes para revolucionar a un mundo ávido por verlo en acción.

¿El Hyperloop viene a cambiar la forma en que nos movemos de un lado al otro? Sí, pero llega para integrarse perfectamente dentro del ecosistema del transporte tal cual lo conocemos. Muchas de las tecnologías que dan vida al Hyperloop existen desde hace ya un buen tiempo (motorizaciones eléctricas, bombas de vacío y levitación magnética, por citar algunas). Lo novedoso es que ahora se combinan para hacer realidad uno de los proyectos sobre los que tanto hemos leído en las novelas de ciencia ficción: que la gente se movilice dentro de tubos de forma ultrarrápida.

¿Qué pensamos cuando se retrasa nuestro vuelo? ¿O mientras esperamos el tren? ¿O cuando estamos atascados en la autopista?

Sí, que estamos perdiendo tiempo. Para solucionar esto llega el Hyperloop: un método de transporte que combina la velocidad de un avión con la frecuencia de un tren. Un nuevo paradigma en movilidad, conectividad y multimodalidad, para unir el mundo en cuestión de minutos. ¿Cuándo lo podremos utilizar? Seguramente en el transcurso de los próximos años.

1

EL TRANSPORTE EN MASA POR TIERRA, MAR Y AIRE

La historia del transporte está férreamente ligada a la historia de la humanidad. Desde que los seres humanos adquirieron la capacidad de caminar erguidos, se han producido innumerables cambios revolucionarios en la vida de nuestra especie. La sociedad primitiva encontró en los medios de transporte uno de los pilares más importantes para su evolución y desarrollo. El vínculo entre las diferentes sociedades se hizo más estrecho y fructífero, a la vez que impulsó el progreso de la cultura y la civilización. Desde que en el siglo XV comenzó la expansión colonialista europea hacia otras partes del planeta hasta nuestros días, fue creciendo la necesidad de vincular primero a los países centrales con sus colonias periféricas y, más tarde, a partir del siglo XIX, a las distintas ciudades de nuestro planeta.

La aparición de los transatlánticos, los trenes, los autobuses y los aviones en sus diferentes versiones ha permitido el transporte en masa de pasajeros y carga por agua, tierra y aire en un mundo que es cada vez más interdependiente y, por lo tanto, debe estar necesariamente interconectado.

LOS PRIMEROS VIAJES POR AGUA: EL TRANSATLÁNTICO

A mediados del siglo xvii, los barcos comenzaron a transportar correspondencia y mercaderías de Gran Bretaña a los Estados Unidos. Por el hecho de cruzar el océano Atlántico, se los denominó transatlánticos. Durante esa época, la Armada británica era una de las más poderosas del mundo y se movilizaba por diferentes rutas para intercambiar mercaderías, principalmente con sus colonias. Incluso, en algunos viajes, también llevaba pasajeros.

Ya en el siglo xviii, las grandes potencias marítimas impulsaron el concepto de "aguas internacionales", lo que favoreció notablemente la navegación y los negocios entre las propias colonias. Con la llegada del siglo xix y la Revolución Industrial, el crecimiento del comercio internacional exigió el desarrollo de rutas marítimas más seguras para conectar los países centrales con las ciudades

Clíper navegando cerca de la isla
Santa Lucía, en el mar Caribe.

coloniales. En ese momento, la compañía naviera Black Ball Line comenzó a ofrecer el primer servicio regular de pasajeros, que unía el Reino Unido con los Estados Unidos por medio de una flota de barcos de vela, los clíperes. Debido a su éxito casi instantáneo, otras compañías siguieron su ejemplo y comenzaron a brindar un servicio similar con viajes que unían diferentes destinos del planeta.

El período desde los últimos años del siglo XIX hasta el comienzo de la Primera Guerra Mundial es considerado el del despegue definitivo de los viajes en transatlántico. Su principal razón tiene que ver con la creciente migración europea, especialmente hacia América del Norte. La competencia por desarrollar el mejor transatlántico se fue tornando cada vez más encarnizada: los barcos eran más amplios, cómodos y veloces. Así fue como las compañías navieras comenzaron a realizar sus viajes por rutas en días y horarios establecidos. Los viajes de línea ganaron popularidad y los barcos de pasajeros sumaron usuarios. Obviamente, el concepto de transatlántico de esos años dista de lo que se conoció tiempo después, ya que la mayoría eran navíos de tamaño intermedio, bastante más pequeños de lo que podríamos imaginarnos. Además del transporte de pasajeros, la distribución de mercancías entre diferentes países se mantenía como una actividad primordial, aunque también se realizaban viajes en barcos mixtos.

La década de 1960 fue testigo de la irrupción del avión de reacción. Durante estos años, la frecuencia del servicio de barcos transatlánticos comenzó a disminuir y a perder cada vez más usuarios. Por un lado, los viajes en avión eran más breves, y por otro, por la sencillez de los traslados en barcos, los transatlánticos tuvieron que reconvertirse. El surgimiento de las compañías de cruceros durante esos años permitió acondicionar algunos de ellos, pero la gran mayoría –sobre todo los más viejos, que no ofrecían grandes comodidades y no podían ingresar en puertos con aguas poco profundas– debieron pasar a retiro.

13

EL SURGIMIENTO DE LOS CRUCEROS

El final fue trágico y lo cuenta con lujo de detalles la película de James Cameron en 1997, pero la construcción del transatlántico *Titanic*, en 1912, no deja de ser una de las grandes hazañas de la ingeniería naval. Su primer y único viaje no fue como sus creadores lo habían soñado ni como sus más de 2.200 pasajeros a bordo lo hubiesen querido. Sin embargo, su grandiosidad sentó las bases para una nueva forma de viajar por el agua.

En 1930, el crucero marcó el inicio de una nueva generación de barcos. Todos competían por ser el más lujoso, el más grande, el de mayor capacidad, el que ofrecía más confort y calidad de vida a bordo. Los Estados Unidos, Alemania, Gran Bretaña y Francia se disputaban ser los dueños de los mejores cruceros del mercado. El crucero había cobrado notoriedad y se había convertido en un estandarte de exclusividad, entretenimiento y glamur para las clases sociales más altas.

RMS Mauretania, un transatlántico
británico que operó entre 1907 y
1934 entre Southampton, Inglaterra
y Nueva York, Estados Unidos.

El auge llegó en 1960, con más de un centenar de empresas
implicadas en el negocio. Pero ya no todas apuntaban a la alta
alcurnia, sino que también algunas ofrecían viajes más accesibles
para las clases intermedias. Sin embargo, en los años setenta, el
negocio de los cruceros se vio opacado por el auge de las compañías aéreas y su nueva joya de los aires: el Boeing 747. A raíz de
esto, las empresas navieras revitalizaron su estrategia comercial
con itinerarios muy tentadores para los viajeros. Así fue como
los destinos a zonas paradisíacas (islas poco accesibles) o lugares
ignotos (puertos recónditos) reformó por completo la industria, ya
que la especialización en viajes más cortos y divertidos –y paque-
tes a medida para diferentes clases y tipos de turistas– trajo con-
sigo una renovación absoluta de las flotas.

¿TRANSATLÁNTICO O CRUCERO?

Antes se viajaba para escapar de las crisis, las guerras, también
para buscar una nueva vida y otras oportunidades. Desde hace
algunas décadas se viaja por placer (no siempre, claro, pero quien
puede elegir, lo hace por este último motivo). Por eso el transporte
propiamente dicho no es el propósito fundamental de los cruceros.
Es más, el viaje en crucero muchas veces devuelve a los turistas al
mismo puerto de partida, como sucede con los viajes cortos de ida
y vuelta. Puede o no hacer escalas, incluso, o directamente dejar a
los pasajeros en otro punto de la Tierra (viajes más largos). Este
último aspecto ha hecho que prácticamente la diferencia de fun-
ciones entre cruceros –los más grandes y sofisticados en términos
mecánicos– y transatlánticos se haya desvanecido.

Por supuesto, las diferencias en la construcción y la ingeniería
de desarrollo permanecen y son vitales para cumplir sus diferentes aplicaciones. Los transatlánticos requieren la incorporación
de componentes más fuertes y resistentes en su estructura, para
enfrentar los mares agitados y las condiciones adversas que se

El comedor del transatlántico *RMS Titanic*, hundido en abril de 1912, durante su viaje inaugural.

Vista interior del *Allure of the Seas*.

encuentran sobre todo en el océano abierto. Obviamente, como sus recorridos son mucho más extensos que los cruceros, poseen una mayor capacidad para albergar y almacenar combustible y alimentos. Los transatlánticos normalmente transportan pasajeros de un punto a otro, en lugar de hacerlo en viajes de ida y vuelta. Aunque la realidad es que no bien entrado el siglo XXI, pocos siguen ofreciendo viajes para pasajeros.

SYMPHONY OF THE SEAS, UN CONCEPTO SUPERIOR EN CRUCEROS

"Emergente" es la palabra que mejor define la actualidad del mercado de los viajes en crucero. ¿Por qué? Son considerados una de las fuentes de ingresos por turismo más importantes del mundo en 2020. El dato habla por sí solo: más de 15 millones de personas viajan por año en crucero. Por supuesto, esta cifra, que se incrementa cada año, tiene como consecuencia un crecimiento natural en la generación de fuentes de trabajo tanto de forma directa como indirecta. Y no solo vinculadas a esta industria, sino también a las de las ciudades donde arriban. Por eso, es normal que los puertos donde descienden los turistas fomenten sus servicios, mejoren su infraestructura y también inviertan en gestión y calidad.

Todas las empresas pugnan por sumar cada año nuevos pasajeros, pero también por convertir en pasajeros recurrentes a los que ya viajaron al menos una vez. En esto tiene que ver eso de "viajar por placer". Ya no se viaja solo en vacaciones, se viaja todo el año. Nuevos productos y servicios, como sofisticadas *suites*, entretenimiento de primer nivel y un itinerario que puede variar según la experiencia que el cliente desee son las cartas más fuertes que juega cada empresa.

Dentro de este contexto aparece el *Symphony of the Seas*. Es un crucero gigante que pertenece a la clase Oasis de la compañía Royal Caribbean Cruises Ltd., junto al *Oasis of the Seas*, el *Allure of the Seas* y el *Harmony of the Seas*. Sus dimensiones son asombrosas:

ALLURE OF THE SEAS

mide 72,5 metros de altura y 362 metros de longitud, con un peso total de 228.081 toneladas brutas. ¿Qué capacidad de alojamiento posee? Más de 6.300 pasajeros en sus más de 2.750 camarotes. Hay 16 cubiertas para uso de los huéspedes, 22 restaurantes, 4 piscinas y 2.759 cabañas. El *Symphony of the Seas*, construido en el astillero Chantiers de l'Atlantique, en Saint-Nazaire, Francia, es el barco número 25 que integra la flota de Royal Caribbean Cruises Ltd. y, en 2020, se erige como el crucero más grande del mundo.

Los cuatro cruceros de la familia Oasis son considerados geme-los, pero cada uno que se suma a la *troupe* suele subir la apuesta en diferentes aspectos, tanto de arquitectura como de calidad y confort. Por eso no sorprende que casi 5.000 personas hayan sido parte de su construcción durante los casi 36 meses de tra-bajo que demandó este crucero. La gran diferenciación la otor-gan, muchas veces, los servicios: en este caso, el *Symphony of the Seas* ofrece para las familias a bordo nada menos que siete barrios internos y el mayor tobogán en alta mar. Más allá de la inno-vación tecnológica, hay atracciones que la gente espera encon-trar, y este crucero las tiene, como las vinculadas con deportes y

Symphony of the Seas, el crucero más grande del mundo, en el puerto de Miami.

Parque acuático en el *Symphony of the Seas.*

aventura, entretenimiento al estilo Broadway con espectáculos de teatro, tiendas de marcas mundiales y alta gastronomía. Además, hay restaurantes como Hooked Seafood, con platos de mariscos; Playmakers Sports Bar & Arcade, para ver jugar al equipo favorito en este bar dedicado a los deportes con 31 televisores de pantalla grande; El Loco Fresh, con comida mexicana, o Sugar Beach, una heladería y confitería en el punto más alto del Boardwalk, el paseo del crucero.

"La clase Oasis ha marcado tendencia, pero el equipo de trabajo de la empresa desarrolló este exitoso concepto para ofrecer cada vez más aventuras increíbles para la familia. Estamos agradecidos por tener un socio como el astillero STX France, que es tan ambicioso como nosotros en la construcción de barcos tecnológicamente avanzados", dijo Richard D. Fain, presidente y CEO de Royal Caribbean Cruises Ltd., antes del primer viaje del *Symphony of the Seas*, en marzo de 2018.

El primer recorrido tuvo como lugar de partida el puerto de Barcelona para navegar durante una semana por todo el Mediterráneo. "*Symphony* lleva las vacaciones familiares a un nivel nuevo. Este barco es la combinación perfecta de innovaciones con nuestros mejores éxitos y atracciones que sabemos que los clientes adoran. Trae un conjunto de restaurantes nuevos, actividades y entretenimiento", sostuvo Michael Bayley, presidente y CEO de Royal Caribbean International.

Durante su primera temporada, *Symphony of the Seas* continuó navegando en cruceros de 7 noches por el Mediterráneo occidental, saliendo de Barcelona. Pero en octubre de 2018 se mudó al puerto de Miami, en Florida, Estados Unidos, para realizar cruceros por el Caribe. El programa contaba con un itinerario por el Caribe oriental desde Miami hasta Philipsburg, en Saint Maarten; Basseterre, en San Cristóbal; San Juan de Puerto Rico y Labadee, en Haití. También incluía por el Caribe occidental a Roatán, en

El ferri es un barco que se caracteriza por el transporte de pasajeros y vehículos a distancias medianas.

Honduras; la Costa Maya y Cozumel, en México y Nassau, en Bahamas. Pero en mayo de 2019, Nassau fue reemplazado por Coco Cay, también en Bahamas.

ROYAL CARIBBEAN CRUISES LTD., CONSORCIO DE GIGANTES

Fundada en 1968 como Royal Caribbean Cruise Line, la nueva empresa naviera nació bajo el ala de tres compañías noruegas: Anders Wilhelmsen & Company, IM Skaugen & Company y Gotaas Larsen. Dos años después, tuvo su viaje inaugural el *Song of Norway*, primer crucero activo de la Royal. Un lustro más tarde se sumaron el *Nordic Prince* y el *Sun Viking* a la flota. En 1982, Royal Caribbean presentó el *Song of America*, que tenía el doble de tamaño que el *Sun Viking* y, en ese momento, era el tercer barco de pasajeros más grande a flote (el primero era el *Song of Norway* y el segundo, *el Queen Elizabeth 2*). Pero en 1988 se adueñó del primer puesto con la puesta en marcha del *Sovereign of the Seas*, el buque de pasajeros más grande a flote en aquel momento.

En 1997, cuando Royal Caribbean Cruise Line compró Celebrity Cruises, se formó la Royal Caribbean Cruises Ltd. Sin embargo, el nuevo consorcio tomó la decisión de mantener separadas las dos marcas de líneas de cruceros después de la fusión. Como resultado, Royal Caribbean Cruise Line fue renombrada como Royal Caribbean International y Royal Caribbean Cruises Ltd. se estableció como la nueva compañía matriz de Royal Caribbean International y Celebrity Cruises.

Con esta nueva estrategia comercial surgió una tercera marca, propiedad de la Royal Caribbean Cruises Ltd.: Island Cruises se conformó en el año 2000, cuando se creó como una empresa conjunta con British First Choice Holidays. Island Cruises se convirtió en una línea de cruceros informal en los mercados británico y brasileño. En noviembre de 2006, Royal Caribbean Cruises

En octubre de 2018, el Symphony of the Seas se mudó al puerto de Miami para comenzar a realizar cruceros por el Caribe.

OTRAS OPCIONES DE TRANSPORTE POR AGUA

El transbordador es una embarcación que une dos destinos cercanos y enfrentados, y lleva pasajeros –a veces automóviles o trenes– en horarios casi siempre programados. La misma función cumple el ferri, que enlaza ciudades situadas en las costas vecinas de bahías, grandes lagos o ríos, aunque cubre recorridos más largos y también tiene mayores dimensiones respecto del transbordador.

El catamarán es una embarcación ligera y relativamente veloz que puede transportar centenares de pasajeros. Es muy utilizado en paseos turísticos lacustres, fluviales o marítimos.

Ltd. compró Pullmantur Cruises, con sede en Madrid. A partir de entonces, la compañía se expandió rápidamente con la creación de Azamara Club Cruises –en mayo de 2007– como subsidiaria de Celebrity Cruises. A esto siguió la formación de CDF Croisières de France –en mayo de 2008– para servir al mercado de lengua francesa.

Más cerca en el tiempo, a principios de 2019, Royal Caribbean Cruises Ltd. anunció la creación de una empresa conjunta con ITM Group: Holistica, una compañía que tiene la intención de desarrollar destinos de cruceros. El primer destino conocido que la compañía desarrolla es el Grand Lucayan Resort, ubicado en Freeport, Bahamas.

EL FERROCARRIL, HIJO DE LA REVOLUCIÓN INDUSTRIAL

La Revolución Industrial fue un proceso económico, social y cultural que se produjo desde finales del siglo XVIII hasta comienzos del siglo XX, con énfasis en Gran Bretaña, aunque más tarde se extendió a toda Europa y al resto del mundo.
Uno de los adelantos tecnológicos que impulsaron este proceso fue el ferrocarril, con redes viales que se extendieron por todas partes del mundo. El ferrocarril contribuyó en todos los sentidos al progreso general. Esto sigue siendo así, aunque con avances notables tanto en la velocidad como en la seguridad de los trenes.

En la historia de los trenes se pueden diferenciar tres épocas

determinantes: la del vapor, la del diésel y la eléctrica. Sin duda, la que más se identifica con el tren en nuestro imaginario es la primera. Principalmente porque inmediatamente visualizamos una locomotora de vapor, más allá de lo raro que resulte ver una en funcionamiento por estos días. Los trenes evolucionaron desde aquellos que funcionaban con una locomotora muy lenta y pesada hasta los actuales, que pueden alcanzar velocidades de entre 150 y 200 km/h o incluso mucho mayores.

LOS TRENES DE ALTA VELOCIDAD

¿Qué tipo de trenes son denominados de alta velocidad? Si bien podríamos suponer que el término "alta velocidad" es de uso contemporáneo, la realidad es que esta denominación se aplica desde hace bastante tiempo.

El primer tren reconocido como de alta velocidad fue el italiano *ElettroTreno ETR 200*, que superó los 200 km/h ¡en 1939! Hacía poco más de un año que esta unidad, compuesta por tres coches, estaba en funcionamiento. El récord de velocidad que lo hizo acreedor de la nueva denominación lo alcanzó recorriendo los más de 310 km que separan Florencia de Milán, a una velocidad promedio de 164 km/h, con un máximo de 204 kilómetros por hora. A partir de entonces, todos los trenes que podían alcanzar o superar los 200 km/h fueron considerados de alta velocidad.

El tren de alta velocidad es de uso común en Europa, como también en Japón. Conecta ciudades, fomenta el crecimiento global y, por sobre todas las cosas, mitiga la congestión del tráfico aéreo y el tráfico por carretera.

Japón, como principal consumidor de este tipo de trenes, desde hace muchos años viene dando pasos concretos para su desarrollo. Fue el primero en construir el Shinkansen, la red ferroviaria destinada exclusivamente a trenes de alta velocidad, también conocidos como "trenes bala". Su línea original, la Tokaido Shinkansen, fue concebida en 1940 como una línea para unir las ciudades de Tokio y Shimonseki con trenes que desarrollaban una velocidad promedio de 150 km/h. Por entonces, esta cifra era algo más del doble de la velocidad máxima que podía experimentar el tren convencional. El proyecto fue suspendido durante la Segunda Guerra

El primer tren de alta velocidad fue el italiano Elettro Treno ETR200, *que superó los 200 km/h, en 1939.*

Mundial, pero, finalmente, su construcción comenzó en 1959 y la línea fue inaugurada en 1964, para los Juegos Olímpicos de Tokio. Unía las ciudades de Tokio y Osaka. Con el comienzo del siglo xxi se han sumado nuevas líneas a la red japonesa de alta velocidad y se proyecta incorporar dos extensiones para 2023, mientras que el tramo Hakodate-Sapporo de la línea Hokkaido Shinkansen estaría operable recién en 2031.

A raíz del éxito del Shinkansen, algunos países europeos vieron factible acondicionar su red ferroviaria para los trenes de alta velocidad. Así, Italia, Francia, Alemania y España, por citar los primeros en involucrarse en esta tecnología, dieron sus pasos iniciales de forma individual para luego integrar una red continental que comunica la mayoría de las regiones europeas, garantizando la movilidad de las poblaciones y sus efectos positivos en materia de integración social, desarrollo económico y, por supuesto, turismo.

Otros países asiáticos, como en el caso de Corea del Sur, Taiwán y China, también incursionaron en esta tecnología ferroviaria.

LA LEVITACIÓN MAGNÉTICA Y EL TREN MAGLEV

El ingeniero alemán Hermann Kemper (1892-1977) fue pionero en idear un tren que funcionara mediante levitación magnética. Aunque logró patentar su idea revolucionaria el 14 de agosto de 1934, tuvo que esperar más de 30 años para poder avanzar con su proyecto, porque la tecnología disponible en esa época limitaba su desarrollo a cualquier escala.

En 1968, Alemania entendió que tenía una necesidad urgente de desarrollar nuevos sistemas de transporte en masa de alta velocidad debido a problemas ambientales y energéticos. Por eso, el Ministerio Federal de Transporte e Industria de Alemania comenzó

Tren de alta velocidad de la línea Tokaido-Shinkansen atravesando la zona del monte Fuji.

el desarrollo del tren de levitación magnética Transrapid sobre la idea de Kemper, con la ayuda financiera del gobierno federal. Tres años después, el primer prototipo de Transrapid fue presentado a la prensa circulando sobre una vía de prueba de 660 metros de longitud. El vehículo tenía capacidad para cuatro pasajeros y una velocidad máxima de 90 kilómetros por hora.

La construcción del circuito de prueba Transrapid comenzó en la localidad de Emsland. Para ello, la industria alemana formó el consorcio Magnetbahn Transrapid. En 1979, en la Exposición de Transporte Internacional de Hamburgo, se puso en funcionamiento el primer tren de levitación magnética aprobado para transportar pasajeros: *Transrapid 05*. Los residentes de Hamburgo mostraron gran interés en este tren. Durante las tres semanas que duró la exposición, el vehículo transportó más de 50.000 pasajeros. La exitosa exhibición dio impulso al desarrollo del *Transrapid* de alta velocidad.

34

La fase 1 del proyecto consistió en una guía de 21,5 km de longitud, un centro de pruebas y el prototipo experimental *TR 06*. La prueba de funcionamiento de una unidad no tripulada comenzó en 1982. Al final de ese año, el *TR 06* alcanzó una velocidad de 300 kilómetros por hora.

En 1991, después de extensas pruebas y análisis, los Ferrocarriles Federales Alemanes en cooperación con varias universidades reconocieron que el sistema magnético de alta velocidad Transrapid estaba listo para ser operado regularmente.

Sin embargo, el primer transporte comercial que incorporó la tecnología de levitación magnética fue llamado sencillamente Maglev (en inglés, *magnetic levitation*). Inaugurado en 1984, operó en una sección de monorriel de unos 600 m de extensión, recorriendo la distancia entre el Aeropuerto de Birmingham y la Estación Internacional de Trenes de Birmingham (Inglaterra) a una velocidad de 42 km/h. El sistema fue clausurado en 1995 debido a problemas de confiabilidad, y fue reemplazado en 2003.

El M-Bahn o Magnetbahn fue la segunda línea de trenes tipo Maglev que operó comercialmente. Lo hizo en Berlín, Alemania, de 1989 a 1991. La línea, que tenía 1,6 km de longitud con tres estaciones, fue construida para llenar un vacío en la red de transporte pública creada por la construcción del Muro de Berlín, por lo que, tras la unificación de Alemania, dejó de funcionar.

El tren Maglev es el avance más importante en la tecnología ferroviaria desde la aparición de la locomotora de vapor, hace más de 200 años. Es, por supuesto, un ejemplo cabal de cómo debe ser un medio de transporte en masa moderno. Veamos cómo funciona.

El tren circula sobre una viga apoyada en pilares a varios metros de altura sobre el suelo. Esta vía está constituida por un caballete de hormigón que incorpora un sistema de levitación magnética y eleva el tren de forma que no exista rozamiento alguno. El espacio de levitación entre los imanes y la guía normalmente oscila entre los 8 y los 12 milímetros. En ambos lados de la vía existen otros electroimanes, cuya función es la de guiar el tren y mantenerlo en la posición correcta.

A grandes rasgos, el tren Maglev utiliza el principio de atracción y repulsión que se crea entre dos campos magnéticos. Tanto el tren como las vías se encuentran dotados con potentes electroimanes, por lo que la repulsión permite que el tren se eleve unos milímetros sobre las vías, pero, a su vez, lo atrae para que no salga despedido y pueda deslizarse con suavidad.

EL SHANGHÁI MAGLEV, UN PASO ADELANTE

Muchos países han participado en las investigaciones de la tecnología Maglev, pero hasta 2020 solo se construyó una línea de alta velocidad en operaciones en Shanghái, China. Su éxito nuevamente demuestra que la tecnología es segura, económica y avanzada. Se cree que los beneficios económicos y el efecto político aparejado no pueden ser sobreestimados y posteriormente se abrirán otras líneas similares.

El Shanghái Maglev es la tercera línea de levitación magnética en ser explotada con fines comerciales (la primera es la de Birmingham y la segunda, el M-Bahn de Berlín, ambas de baja velocidad), pero es el primer Maglev de alta velocidad y, por ende, el tren eléctrico comercial más rápido del mundo. La inversión para su construcción y puesta en funcionamiento se estima que alcanzó los 1.000 millones de euros, entre 2001 y 2004, con vistas a realizar el primer servicio comercial ese mismo año. Se calcula

El Shanghái Maglev es el único tren de alta velocidad mediante levitación magnética que funciona en la actualidad.

SWISSMETRO, PRIMER INTENTO

Swissmetro fue una propuesta para desarrollar un tren de levitación magnética en un ambiente de baja presión. Las concesiones fueron entregadas a Swissmetro a comienzos del año 2000 para conectar las ciudades suizas de San Galo, Zúrich, Basilea y Ginebra. Los estudios de factibilidad comercial alcanzaron conclusiones diferentes y el tren de levitación magnética nunca fue construido.

que la mayor parte de este capital fue destinada a la construcción de la línea (elevada unos 8 metros por encima del resto de las edificaciones urbanas), la locomotora y, por supuesto, los sistemas energéticos electromagnéticos.

El tren tiene una longitud de 153 metros, un ancho de 3,7, una altura de 4,2 metros, y una configuración de tres clases que pueden albergar hasta 574 pasajeros.

Fue construido en Alemania por un consorcio de empresas integrado por Siemens y Thyssen Krupp, y su desarrollo se basó en los años de pruebas y mejoras que se hicieron en el Transrapid germano. Por otra parte, la electrificación del tren fue desarrollada por la firma Vahle Inc.

La pista de Shanghái Maglev fue construida por compañías locales chinas que, como resultado de las condiciones aluviales del suelo del área de Pudong, tuvieron que desviarse del diseño original que situaba una columna de soporte cada 50 metros por una columna cada 25 metros, para garantizar que la pista cumpliera con los criterios de estabilidad y precisión. Varios miles de pilotes de concreto fueron introducidos a profundidades de hasta 70 metros para lograr la estabilidad de los cimientos de cada columna soporte.

En 2020, la línea de Shanghái es el servicio regular más rápido del mundo, ya que alcanza una velocidad máxima de 430 km/h. El tren Maglev realiza en poco más de 7 minutos el trayecto de 30 kilómetros que separa el Aeropuerto Internacional Pudong de la estación de metro de Longyang Road. Aunque la cantidad de viajeros que lo utilizan no es demasiado alta debido al elevado precio de los pasajes, son muchos los turistas que realizan pequeñas excursiones de ida y vuelta al aeropuerto solo

TRENES DE LEVITACIÓN MAGNÉTICA

PESO

FUERZA MAGNÉTICA

para disfrutar del placer de viajar a esa impresionante velocidad durante algunos minutos.

La reducida longitud de la línea y su bajo coeficiente de penetración en las áreas más pobladas de Shanghái hicieron que en 2006 se propusiera una extensión hasta Hangzhou y una ampliación de la conexión al Aeropuerto Internacional Shanghái Hongqiao. La idea era ponerla en funcionamiento en 2010, pero fue suspendida por protestas públicas debido a temores acerca de posibles daños a la salud por la presencia de campos electromagnéticos en las áreas habitadas en la periferia.

EL CHUO SHINKANSEN

El Chuo Shinkansen será la primera línea de alta velocidad mediante levitación magnética (Maglev) que prestará su servicio comercial en Japón. En primera instancia, conectará las ciudades de Tokio y Nagoya: el recorrido durará tan solo 40 minutos y el tren alcanzará una velocidad máxima de 500 km/h. El comienzo de las operaciones estaba planificado para 2045, pero a partir de nuevos incentivos y financiación del gobierno local se estima que una parte de la línea, la que uniría Nagoya con Osaka, podría estar en funcionamiento dentro de 5 años. En 2020, la Central Japan Railway Company (JR Central) evalúa los avances que se realizan

39

Pista de pruebas del tren de alta velocidad mediante levitación magnética en Yamanashi, Japón.

La empresa china BYD cuenta, desde abril de 2019, con el autobús eléctrico más largo del mundo.

sobre el esperado Maglev japonés en la pista de pruebas ubicada en Yamanashi. Cabe recordar que la intención de poner en funcionamiento un tren de estas características nació con el gobierno local a comienzos de la década de 1970, en colaboración con la Japan Airlines y los antiguos Ferrocarriles Nacionales Japoneses (JNR).

"CONSTRUYE TUS SUEÑOS": EL TRANSPORTE EN AUTOBÚS

Los autobuses son usados en los servicios de transporte público urbano e interurbano, generalmente con un trayecto fijo. Numerosas personas los utilizan a diario en todo el planeta. Cada vez son más ecológicos, eficientes y capaces de transportar a más usuarios.

La empresa china BYD (Build your dreams; en español, Construye tus sueños) se estableció en febrero de 1995 y, luego de 24 años de rápido desarrollo, ya cuenta con más de 30 parques industriales a lo largo del mundo, distribuidos estratégicamente en los 5 continentes. Los negocios de BYD incluyen productos electrónicos, automóviles e industrias de nuevas energías

y transporte ferroviario, en el que juega un papel significativo.

En 2010 presentó por primera vez su solución para electrificar el transporte público y pronto asumió el liderazgo en la fabricación de autobuses 100% eléctricos. El *K9* fue el primer autobús eléctrico puro en el mundo que cuenta con múltiples certificaciones de agencias autorizadas europeas, estadounidenses y japonesas. Comenzó sus operaciones comerciales en Shenzhen, provincia de Cantón, en 2011.

La compañía china se esmera por mantener su filosofía "innovación tecnológica para una vida mejor". Desde la obtención y el almacenamiento de la energía hasta su aplicación, BYD ofrece una solución integral de "cero emisiones" mediante el empleo de nuevas tecnologías. Para responder al gran aumento de pedidos en todo el mundo, BYD ha establecido fábricas para vehículos

El Chuo Shinkasen conectará las ciudades de Tokio y Nagoya a una velocidad máxima de 500 km/h, en un recorrido que durará tan solo 40 minutos.

comerciales puramente eléctricos en China, los Estados Unidos, Brasil, Hungría y Francia, entre otros mercados. Los vehículos eléctricos de BYD han liderado las ventas en el mundo durante los últimos 5 años (2015-2019). En ese período, la empresa entregó un total de más de 50.000 autobuses eléctricos a sus socios globales.

En abril de 2019, el transporte urbano dio un paso importante de cara al futuro: BYD mostró por primera vez el *K12A*, el primer autobús biarticulado, de 27 metros de longitud, 100% eléctrico. O sea, es el bus más largo del mundo y el único que reúne características tales como la eficiencia de consumo (es eléctrico y puede viajar a una velocidad máxima de 70 km/h) y la gran capacidad para transportar pasajeros (puede movilizar hasta 250 personas).

El BYD K12A cuenta con una carrocería de aleación de aluminio y las principales tecnologías en baterías, motores eléctricos y controles electrónicos. También posee un sistema 4WD distribuido (conocido como 4x4), que puede alternar la capacidad de tracción entre 2WD y 4WD sin problemas, para satisfacer las demandas de fuerza en diferentes terrenos, al tiempo que reduce el consumo total de energía del vehículo. El bus está equipado con un sistema de baterías que pueden durar casi 300 km y, por lo tanto, responder a las demandas de una operación de día completo. Respecto del ahorro de energía y protección ambiental, características en las que el K12A es especialmente eficiente, cada unidad ahorra el equivalente a 80 toneladas de emisiones de CO_2 por año y puede economizar 360.000 litros de combustible durante todo su ciclo de vida.

Por otra parte, el BYD K12A es compatible con el sistema global Bus Rapid Transit (BRT), coloquialmente llamado metrobús. Los sistemas BRT y los autobuses superlargos se han convertido en la opción preferida para abordar el estrés que se ejerce sobre los sistemas de autobuses en todo el mundo como resultado de la rápida urbanización. Stella Li, vicepresidenta senior de BYD, sostiene que "con las ventajas del respeto al medio ambiente, la economía y la eficiencia, además de la disponibilidad de rutas exclusivas, el autobús eléctrico puede aliviar efectivamente los atascos y mejorar la eficiencia del transporte. Creo que se convertirá en una opción preferida en el transporte público terrestre para ciudades de todo el mundo".

LA AVIACIÓN COMERCIAL

Los vuelos comerciales prácticamente nacieron al mismo tiempo que la propia historia de la aviación, pero hay una fecha que estableció un punto de inflexión: el 1° de enero de 1914. Ese día se realizó el primer vuelo comercial a bordo de un hidroavión Benoist Type XIV, entre St. Petersburg y Tampa, en Florida, Estados Unidos. A su mando estuvo el piloto Antony Janus, mientras que el pasajero fue Abram C. Phell, por aquel entonces alcalde de St. Petersburg, quien pagó la módica suma de 400 dólares para concretar el viaje. Sí, por esos días dicha cifra representaba una pequeña fortuna.

Este histórico vuelo duró un poco más de 20 minutos. El hidroavión voló a muy baja altura sobre la bahía cortando camino y estableciendo lo que fue la primera ruta comercial (si hubiese rodeado la bahía por el perímetro el recorrido habría sido mucho más largo). Si bien este hecho estableció un hito en la historia –no solo para la aviación, sino también para la humanidad–, la recientemente fundada St. Petersburg-Tampa Airboat Line dejó de operar pocas semanas después, el 5 de mayo de 1914. Hasta entonces, había llevado adelante un cronograma que establecía dos vuelos diarios entre St. Petersburg y Tampa.

Algunas de las compañías aéreas que realizaron vuelos comerciales fueron fundadas poco tiempo después de que la St. Petersburg-Tampa Airboat cerrara sus puertas. Pero el estallido de la Primera Guerra Mundial las privó de concretar sus sueños hasta varios años después. Cuando finalizó la contienda bélica hubo un excedente de aviones militares que se vendieron a muy bajo precio e inundaron el mercado de los aviones comerciales. Esto impidió que muchas fábricas de aviones vendieran unidades nuevas, por lo que tuvieron que abandonar el negocio. Sin embargo, otras compañías, las operadoras de vuelos, vieron una gran posibilidad para crecer. Y no la desperdiciaron. Los vuelos comerciales tomaron impulso durante la década de 1920. A menudo compartían los viajes con el servicio postal. Boeing Transport Inc. fue una de las corporaciones líderes del sector hasta el estallido de la Segunda Guerra Mundial.

A partir de ese momento, el servicio aéreo comercial se vio afectado en toda Europa. Esto se dio así principalmente porque el

A Hydro-Aeroplane Afloat.

armamento de combate y las técnicas y estrategias para doblegar al
enemigo habían evolucionado notablemente, ya que comenzaron
a existir otras alternativas y la aviación militar cobró una impor-
tancia determinante. Por eso, las compañías aéreas –prácticamente
todas– invirtieron sus recursos al servicio del ejército y la aviación
militar de los respectivos países implicados en el conflicto. Por
supuesto, las empresas que decidieron no participar del conflicto
(Air France, por citar un ejemplo) se vieron obligadas a detener
sus actividades por completo.

LA APARICIÓN DEL MOTOR DE REACCIÓN

"Toda revolución es imposible hasta que se vuelve inevitable",
había dicho León Trotsky sobre la Revolución rusa. Su frase puede
aplicarse también a un momento especial de la aviación comercial.
La forma de volar cambió radicalmente con la aparición del motor
de reacción, que logró revolucionar el transporte aéreo por completo. Los nuevos aviones traían asociadas dos cualidades que fueron fundamentales para que el mercado de los vuelos comerciales
no detuviera su desarrollo: podían volar a gran velocidad, lo que
reducía los tiempos de los viajes, y alcanzaban grandes alturas, de

Primera Guerra Mundial (1914-
1918). Hidroavión inglés amarando
después de una operación.

modo que se evitaban las inclemencias del tiempo. Estas ventajas
dieron como resultado viajes más cortos, rápidos, seguros y ren-
tables. Por ejemplo, el tiempo de vuelo entre Londres y Tokio se
redujo de 85 a solo 36 horas.

El desarrollo del sistema de propulsión con motores de reacción en los aviones comerciales trajo también una renovación integral de las formas en que las compañías operaban sus aviones
y sus respectivos vuelos. La primera compañía en hacer volar
un avión con motor de reacción fue la British Overseas Aircraft
Company (BOAC), en 1952. Cubrió el trayecto de Londres a
Johannesburgo en 24 horas con el De Havilland Comet, para lo
cual realizó varias escalas (vía Roma, Beirut, Jartúm, Entebe y
Livingstone). El Comet alcanzaba una buena velocidad máxima,
con escaso nivel de ruido y muy pocas vibraciones.

Las compañías aéreas habían advertido que el cambio había lle-
gado y que una nueva forma de transportarse por el aire era posible. Pero, como toda revolución, tenía sus detractores. Por esos días
había ingenieros que sostenían que las altas temperaturas que gene-
raba el trabajo de estos motores, más el elevado rango de consumo
que experimentaban, serían la causa de una vida útil muy corta de
estos aviones en comparación con los impulsados por turbohélices.

Como las compañías aéreas sabían que las ventajosas presta-
ciones serían la clave para impulsar el mercado, dieron un paso
adelante y sentaron las nuevas bases de un comercio que cre-
ció a pasos agigantados en las décadas siguientes. Las nuevas y
más estrictas medidas de mantenimiento de los aviones, la construcción de nuevas y más sofisticadas instalaciones y la contrata-
ción de personal más calificado para realizar tareas de control y
supervisión fueron algunos de los pilares sobre los que las empresas debieron evolucionar. La introducción del motor de reacción
obligó a replantear muchos conceptos en el negocio del transporte
aéreo comercial en pos de su expansión y aceptabilidad.

El De Havilland Comet Airliner 1XB en
el Museo de la Real Fuerza Aérea inglesa.

EL ORIGEN DEL PROYECTO AIRBUS

A lo largo de la década de 1960, empresas como France's Sud Aviation y British Aircraft Corporation decidieron fabricar nuevos aviones con el objetivo de satisfacer el crecimiento de la demanda de viajes aéreos. Al mismo tiempo, Sud Aviation's Galion iba a producir una aeronave con 200 asientos, mientras que Hawker Siddeley Aviation de Gran Bretaña planificó una versión de dos motores del Trident. También las firmas francesas Nord Aviation y Breguet pretendían fabricar nuevos aviones con mayor capacidad de pasajeros. Sin embargo, se hizo evidente que si se hubiesen construido todos estos aviones, ninguna de las empresas vendería lo suficiente como para hacer viable su producción y obtener buenos beneficios económicos. Era obvio que competirían entre sí por el mismo mercado.

Solo si Europa combinaba el talento y la experiencia de las compañías aéreas existentes, independientemente de su nacionalidad, y los invertía en un solo avión para competir directamente con las empresas estadounidenses, que abarcaban más del 80% del mercado mundial, había alguna esperanza de éxito.

Durante la primera semana de julio de 1967 se llevó a cabo una reunión en la que el ingeniero francés Roger Béteille fue nombrado director técnico del nuevo programa para el diseño y la construcción del Airbus A300: un avión de dos motores con capacidad para transportar a 320 pasajeros. Henri Ziegler, el presidente de Sud Aviation, fue nombrado más tarde gerente general del proyecto, y el político alemán Franz-Josef Strauss fue nombrado presidente de la junta de supervisión. Estos hombres iban a ser conocidos como los "padres" de Airbus Industrie, junto con nombres cuyas

El primer despegue de un Airbus A380 se produjo el 27 de abril de 2005 del Aeropuerto Internacional de Toulouse, Francia, pero su primer vuelo comercial se llevó a cabo el 25 de octubre de 2007 con la aerolínea Singapore Airlines.

habilidades reconoció Béteille de inmediato. Por ejemplo, Felix Kracht, un joven ingeniero alemán que había estado trabajando para Nord Aviation, quien asumiría el papel de director de producción, supervisión y coordinación del trabajo de construcción del A300. El primer vuelo del A300 se llevó a cabo en 1972 y el primer viaje comercial, dos años después.

EL AIRBUS A380, EL AVIÓN COMERCIAL MÁS GRANDE DEL MUNDO

La historia del Airbus A380 está llena de idas, vueltas y controversias de todo tipo. Su creación tiene como punto de partida el verano europeo de 1988 y su salida de los aeropuertos probablemente se produzca antes de 2022.

Todo tiene un principio: Boeing y su 747 dominaban los vuelos transoceánicos desde principios de 1970. Todo tiene un porqué: Jean Roeder y su grupo de ingenieros de Airbus comenzaron a trabajar en secreto en el desarrollo de un avión de gran capacidad. Todo tiene un desenlace: el primer vuelo del A380 tuvo que ser pospuesto en varias ocasiones debido a problemas técnicos, pero finalmente el 27 de abril de 2005 el avión despegó del Aeropuerto Internacional de Toulouse, Francia. Sin embargo, su primer vuelo comercial se llevó a cabo el 25 de octubre de 2007 con la aerolínea Singapore Airlines.

El Airbus A380 tiene una longitud de casi 73 metros y 24 metros de altura, mientras que su estructura está formada en un 40% de fibra de carbono y otros modernos materiales metálicos. Es la primera aeronave con motores de reacción con dos cubiertas a lo largo de todo su fuselaje (es decir, dos pisos completos). La superficie disponible alcanza los 478,1 metros cuadrados, casi un 50% más que la de su principal competidor, el Boeing 747, que si bien tiene dos niveles, la cubierta superior abarca solamente la parte delantera del fuselaje. En una configuración clásica de tres clases (turista, negocios y primera), el A380 puede albergar a entre 500 y 550 pasajeros, pero la capacidad puede ampliarse hasta 853 pasajeros para una configuración total de clase turista. Tiene una autonomía de vuelo de 14.800 kilómetros, suficiente para cubrir rutas como: Ciudad de México-París o, una de las más

Despegue del Airbus A380.

Cabina del Airbus A380.

largas, Madrid-Perth (Australia) sin escalas, con una velocidad de crucero de 900 kilómetros por hora.

La cabina es similar a la de otros aviones de Airbus, aunque se le han incorporado varias mejoras, como los mandos de vuelo *fly-by-wire* con palanca de control lateral. El sistema de *fly-by-wire* consiste en transformar la entrada del piloto en señales eléctricas; estas pasan por la llamada *Flight Control Computer* y de ahí salen otras señales hacia los actuadores de cada superficie. Es novedoso por reducir notablemente el peso del sistema de mandos (no son necesarias cañerías que recorran toda la longitud del avión, sino que son reemplazadas por cables) y porque además permite un sistema de control y regulación permanente. La cabina dispone de 8 pantallas de cristal líquido de 15x20 cm que son multifunción. La disposición de las pantallas puede variar según las condiciones de vuelo, aunque la más frecuente consiste en dos principales que son de vuelo, otras dos de navegación, una de parámetros de los motores, otra del sistema y dos multifunción. También se incluyen teclados *qwerty* y *trackballs*, para interactuar con un sistema de navegación de visualización gráfica.

En lo que respecta a los pasajeros, la cabina ofrece un 50% más de espacio que el Boeing 747. Además, el A380 produce un 50% menos de ruido que el Boeing y dispone de un interior con compartimientos de carga más grandes que sus antecesores, mayores ventanas y 60 centímetros más de altura.

Desarrolladas en fibra de carbono y aluminio, las alas tienen un tamaño suficiente para poder despegar con un máximo de 650 toneladas. Y emplea los mismos dispositivos de punta alar (*winglets*) que otros modelos de la marca, con el fin de evitar turbulencias y aumentar el rendimiento del combustible. Dicho sea de paso, sus depósitos cuentan con capacidad para albergar 310.000 litros de combustible.

El A380 está equipado con cuatro motores en sus respectivas góndolas subalares, pero solo dos de ellos están provistos de inversores de empuje. El diámetro de estos motores es de 2,95 metros, aspiran una tonelada y media de aire por segundo y pueden desarrollar una fuerza de empuje de entre 310 y 360 kilonewton (kN) o entre 70.000 y 80.000 libras fuerza (lbf) cada uno. Son los motores más eficientes desarrollados para un avión cuatrimotor.

OTRO CONCEPTO EN AVIONES

El Antónov An-225 Mriya es un avión de transporte estratégico diseñado y fabricado en la ex URSS durante la década de 1980. Es considerada la aeronave más pesada de la historia con 640 toneladas MTOW (maximun takeoff weight; en español, peso máximo en el despegue) y tiene el récord mundial absoluto de transporte de la carga aérea más pesada de la historia en un único vuelo, del aeropuerto de Frankfurt (Alemania) al de Zvartnots (Armenia) en un recorrido cercano a los 3.000 kilómetros. El vuelo, que se llevó a cabo el 11 de agosto de 2009, transportó un generador construido por Alstom (una corporación francesa dedicada al negocio de la generación de electricidad y la fabricación de trenes y

LOS ÚLTIMOS AÑOS DE VIDA DEL A380

Airbus anunció que en 2021 se dejará de fabricar este avión de dos plantas. ¿Por qué? Su precio, de 402,6 millones de euros, lo convierte en uno de los aviones más caros, además de lujoso, jamás construidos. Este superjumbo no alcanzó el éxito que Airbus esperaba cuando fue concebido, hace dos décadas. Sobre todo, en lo que tiene que ver con los beneficios financieros. Diseñado para llevar a los límites de la ingeniería moderna todo lo bueno del Boeing 747, la producción terminará con solo 290 aviones fabricados.

¿Maravilla de la ingeniería moderna o fracaso absoluto? Algunos expertos en la industria aérea manifiestan que el A380 es un avión diseñado para un mercado que realmente nunca existió, porque en lo que a consumo de combustible se refiere, con los precios del petróleo en constante cambio, supone un riesgo económico mantenerlo en funcionamiento. Sin embargo, la causa principal del fracaso del A380 fue, más que su consumo, la escasa ocupación de pasajeros que lograron las aerolíneas en sus vuelos. Más allá de que el consumo del A380 sea mayor que el de otros aviones, lo que realmente interesa en la industria es la relación de consumo de combustible por pasajero. En ese aspecto, un A380 completamente lleno tendrá menor consumo que dos A330, y llevará en total la misma cantidad de personas.

En lo que respecta a las dimensiones, la congestión que experimentan los aeropuertos también complica su operación en espacios en los que un avión de tamaño convencional no tendría problemas para maniobrar.

De alguna manera, los mismos atributos que pusieron al A380 en la cúspide de la industria aérea comercial, poco más de una década después terminan por bajarlo de las marquesinas. Los más de 20.000 millones de euros que invirtió Airbus en el desarrollo del A380 ¿fueron un desperdicio? Depende de cuán lleno o cuán vacío se vea el vaso.

El Antónov An-225 Mriya es el avión de carga más grande del mundo y cuenta con algunos récords.

barcos) para una central eléctrica armenia. Este generador medía 16,23 metros de longitud y 4,27 metros de ancho, con un peso total de 190 toneladas.

Sin embargo, esta aeronave ucraniana batió un nuevo récord el 11 de junio de 2010, en esta ocasión, al transportar la carga aérea más larga de la historia. Se trató de dos álabes experimentales para aerogeneradores de 42 metros de longitud desde

Los motores de un Airbus A380 tienen un diámetro de 2,95 metros, aspiran una tonelada y media de aire por segundo y pueden desarrollar una fuerza de empuje de entre 310 y 360 kilonewton.

su fábrica en Tianjin (China), hasta Dinamarca. El Antónov An-225 Mriya fue considerado el avión más grande del mundo hasta que se produjo el primer y único vuelo experimental del Scaled Composites Model 351 Stratolaunch. Esta aeronave, construida para Stratolaunch Systems por Scaled Composites, como lanzador en vuelo de cohetes espaciales, es considerada la de mayor envergadura hasta el momento gracias a su diseño con fuselajes gemelos. El inicio de su construcción se anunció en diciembre 2011 y salió del hangar en mayo de 2017. Está previsto que pueda transportar 250 toneladas de carga útil, con un peso máximo en el despegue de 590 toneladas. La aeronave voló por primera vez el 13 de abril de 2019 en el Puerto Aéreo y Espacial del desierto de Mojave, Estados Unidos, y alcanzó 4.600 metros de altitud y 305 km/h de velocidad máxima, en un vuelo de casi 2 horas y media de duración.

Scaled Composites Model 351 Stratolaunch en el aeropuerto de Mojave, Estados Unidos.

LA CONCRECIÓN
DE UNA IDEA

Aunque la idea de transportar pasajeros a alta
velocidad por el interior de tubos cerrados no
data de la prehistoria, tampoco es nueva. Incluso, la
posibilidad de que esto se concrete está más latente
que nunca. Imaginemos que viajamos en un tubo
a más de 1.000 km/h, sobre la tierra o por debajo.
Esto es el Hyperloop, un nuevo medio de transporte
terrestre que trasladará pasajeros y mercaderías
dentro de tubos al vacío mediante un sistema de
levitación magnética. Este proyecto se encuentra en
pleno desarrollo mediante un código abierto que
le permite evolucionar constantemente. Se espera
que a mediados de esta década comience a ofrecer
su servicio en diferentes regiones del planeta, para
simplificar la vida en nuestro mundo globalizado.

Línea subterránea
neumática construida en
1869 debajo de Broadway,
Nueva York, Estados Unidos.

EL TRANSPORTE MEDIANTE TUBOS

La primera patente registrada para desarrollar un sistema de transporte mediante tubos data de 1799. Su propietario fue el ingeniero mecánico e inventor británico George Medhurst (1759-1827), quien no tenía como objetivo transportar seres humanos por dichos tubos, sino mercaderías. Ese mismo año, Medhurst también presentó una patente para fabricar una bomba de viento para comprimir aire y obtener energía motriz, y, al año siguiente, la de un motor eólico que utilizaba aire comprimido para propulsar vehículos operados por estaciones de bombeo a lo largo de una ruta establecida.

Unos años más tarde, el inventor volvió sobre su huella, y en 1812 escribió un libro que detallaba cómo era su idea de transportar mercaderías por el interior de tubos herméticos usando la propulsión del aire, aunque agregó también la posibilidad de movilizar pasajeros. Nunca pudo avanzar más allá de los conceptos teóricos, esencialmente porque en aquella época carecía de los medios tecnológicos para empezar siquiera a proyectar algo de lo que había plasmado en sus escritos. Sin embargo, Medhurst fue pionero en el uso del aire comprimido como medio de propulsión y mentor de lo que luego se conocería como ferrocarril atmosférico. El tren atmosférico fue uno de esos grandes inventos desarrollados a partir de la aplicación del vacío. Su principio de funcionamiento era bastante simple: se establecían dentro de un tubo diferentes presiones de aire, por medio del bombeo del mismo desde uno de sus extremos. Así, se provocaba un efecto succionador de tal modo que un objeto colocado en uno de los extremos del tubo fuera aspirado hacia el opuesto. Una idea sencilla, pero genial.

Los ferrocarriles que funcionaron con este sistema fueron operados entre 1840 y 1860, principalmente en las ciudades más importantes del Reino Unido y Francia.

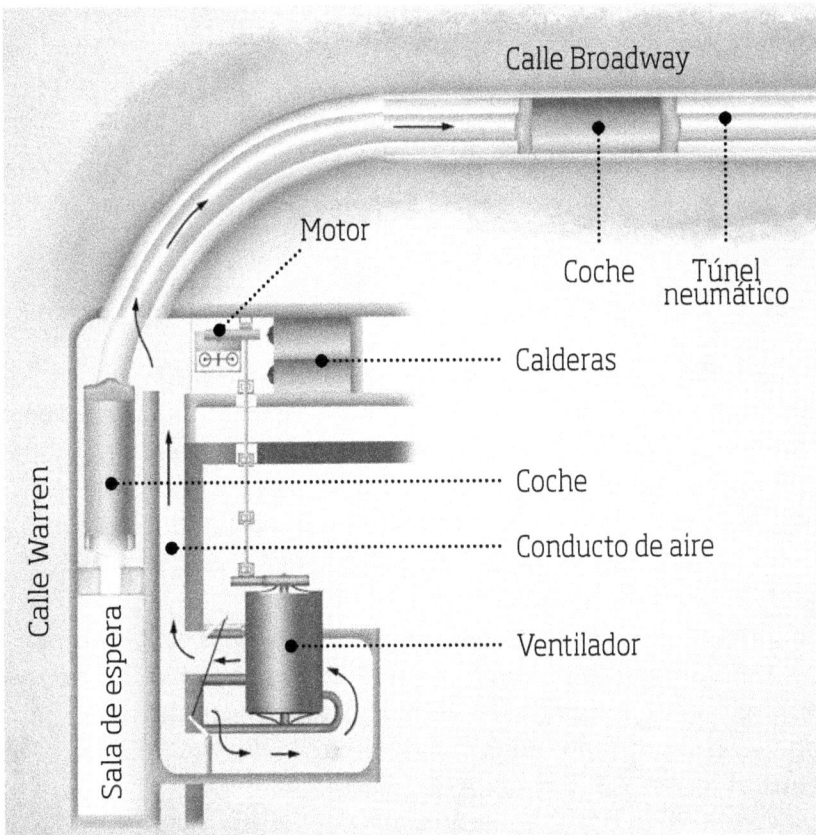

Calle Broadway

Motor

Coche   Túnel
neumático

Calderas

Coche

Conducto de aire

Ventilador

Calle Warren

Sala de espera

65

En 1867, el inventor Alfred Ely Beach (1826-1896) expuso en la Feria del Instituto Americano de Nueva York una tubería de 32,6 metros de longitud y 1,8 metros de diámetro, dentro de la cual era capaz de moverse un vagón con 12 pasajeros junto a un conductor. Por otra parte, en 1869, su empresa, la Beach Pneumatic Transit Company de Nueva York, construyó en secreto una línea subterránea neumática de 95 metros de longitud y 2,7 metros de diámetro que se extendía debajo de Broadway. El sistema funcionaba a una presión casi atmosférica: el vagón de pasajeros se movía por medio de aire a mayor presión aplicado a la parte trasera del vagón, mientras se mantenía una presión algo más baja en la parte delantera. La línea funcionó por algunos meses, pero fue cerrada luego de que la Beach Pneumatic Transit Company no obtuvo el permiso de extenderla.

GERARD O'NEILL Y LA FICCIÓN

"2081: A Hopeful View of the Human Future", en español, algo así como "2081: Una visión esperanzadora del futuro humano", es una novela futurista que intenta predecir el estado social y tecnológico de la humanidad 100 años después. Fue escrita en 1981 por el físico Gerard K. O'Neill, quien hace referencia a la existencia de trenes transcontinentales que se movilizan utilizando propulsión magnética por el interior de túneles subterráneos. Está claro que los Hyperloop estarán entre nosotros bastante antes de lo imaginado por O'Neill.

GODDARD Y LA PROPULSIÓN EN EL VACÍO

Al ingeniero, profesor, físico e inventor estadounidense Robert Hutchings Goddard (1882-1945) se le atribuye la creación del primer cohete. En su época, Goddard prácticamente careció de apoyo para la investigación y el desarrollo de sus teorías. Entre sus múltiples comprobaciones y avances en la materia, durante la década de 1910 demostró mediante pruebas estáticas que la propulsión de cohetes opera en el vacío y que no requiere aire para el empuje.

A pesar de que sus teorías sobre los viajes espaciales fueron despreciadas, su trabajo fue revolucionario y ganaría mucha preponderancia durante los años siguientes. ¿Hay alguna relación entre Hyperloop y la obra de Goddard? Según los expertos, sí.

HYPERLOOP: EL FUTURO ES HOY

El sistema de transporte Hyperloop movilizará personas y cargas de forma rápida, segura, bajo demanda y directamente desde el punto de origen hasta el de destino. El Hyperloop es totalmente autónomo y cerrado, por lo que se eliminan errores en la conducción y riesgos climáticos. También es seguro y limpio, sin emisiones directas de dióxido carbono que contaminan el ambiente terrestre.

La tecnología del Hyperloop utiliza la levitación magnética para guiar y elevar las cápsulas, como se denominan los vehículos que transportan pasajeros, por encima de la pista.

Estas cápsulas se deslizan dentro de un tubo de baja presión y aceleran gradualmente mediante propulsión eléctrica, de modo que se transportan a velocidades comparables con las de los aviones, incluso durante largas distancias, debido a su resistencia aerodinámica ultrabaja. Casi todo el aire dentro del tubo se retira usando una serie de bombas de vacío. Esto crea un "propio cielo" dentro del tubo, como si se estuviera volando silenciosamente a 60.000 metros sobre el nivel del mar. Solo una pequeña cantidad de electricidad es necesaria para alcanzar velocidades extraordinarias y crear un sistema más económico y eficiente –en términos de energía– que el transporte ferroviario de alta velocidad.

El sistema de transporte se construirá sobre columnas o se tunelizará bajo tierra para evitar cruces peligrosos y atentados contra la vida silvestre. El Hyperloop será automatizado y permitirá un viaje seguro, sin retrasos ni sobrecargas. Sin duda, cambiará la forma en que viajamos, trabajamos y vivimos.

EL ABC DEL HYPERLOOP

Entonces, ¿cómo funciona un Hyperloop? Por medio de levitación magnética, como ya se mencionó, aunque no es la forma de levitación magnética como la interpretaron en décadas anteriores, sino que es una metodología nueva, algo que se inventó durante los últimos años. Esto permite a la cápsula, que puede albergar unos 20 a 25 pasajeros, deslizarse suavemente por el interior del tubo durante varios kilómetros con muy poco consumo de energía. Para esto se utiliza un motor eléctrico lineal, que es lo que le da propulsión a lo largo de la pista.

EL HYPERLOOP Y LOS TRENES DE ALTA VELOCIDAD

Hay cuatro diferencias clave entre el Hyperloop y los trenes de alta velocidad. El Hyperloop es más rápido (dos o tres veces más que el tren de alta velocidad más veloz). Funciona bajo demanda y es directo (los trenes siguen un horario y generalmente tienen múltiples paradas), esto significa que las cápsulas se van cuando están listas para partir, ya que pueden partir hasta varias veces por minuto y transportar pasajeros y carga directamente a su destino sin detenciones intermedias. Es ecológico, con un reducido impacto ambiental, un consumo de energía más eficiente y sin emisiones directas ni ruido. Es una tecnología menos costosa, ya que el tren de alta velocidad tradicional y el tren de levitación magnética (Maglev) requieren potencia a lo largo de toda la vía, por ende, es más caro construir la pista y también llevar adelante su operación.

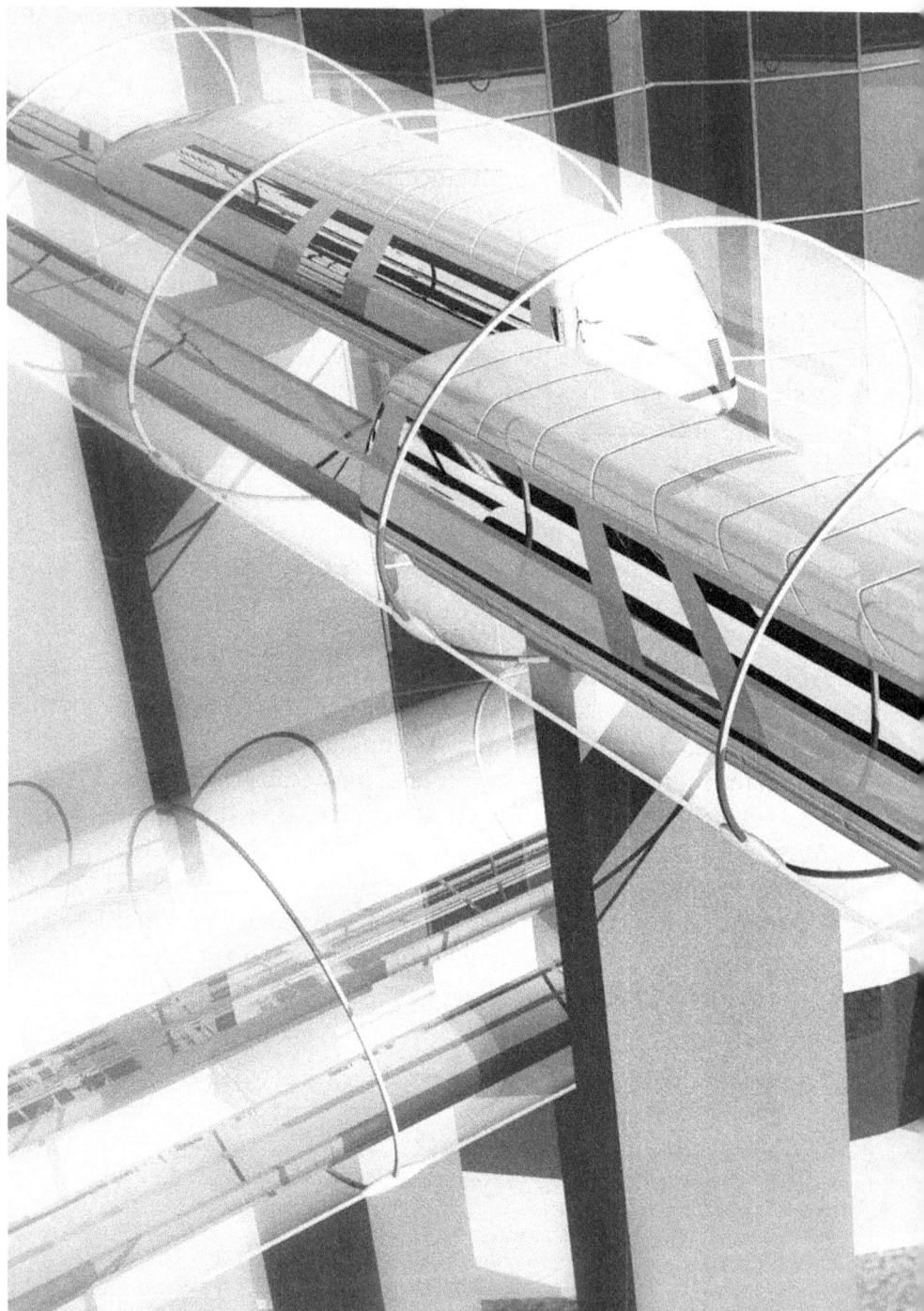

El Hyperloop conectará ciudades de forma veloz, limpia y segura.

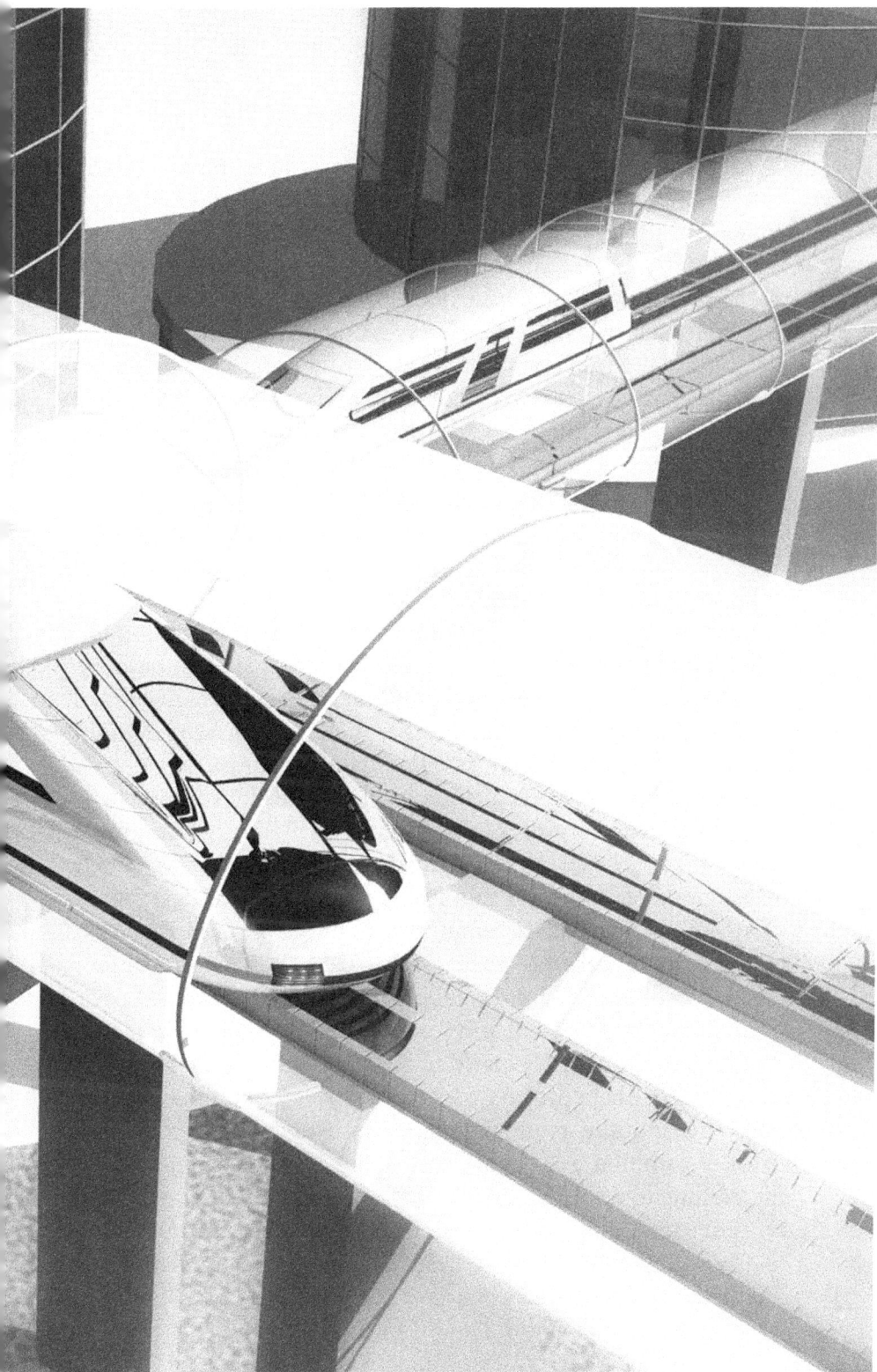

Si se compara un motor eléctrico lineal con un motor eléctrico convencional, se aprecian algunas similitudes y diferencias. Ambos tienen dos partes principales: el estator y el rotor. En el motor eléctrico convencional, cuando se aplica voltaje al estator (la parte que permanece quieta), este hace que el rotor (la parte que se mueve) gire y haga el trabajo de, por ejemplo, un taladro eléctrico.

Sin embargo, en un motor lineal, el estator y el rotor se encuentran distribuidos de forma tal que en vez de producir un torque se produce una fuerza lineal en el sentido de su longitud. Dicho de otro modo, en el motor lineal el rotor no gira, sino que se mueve en línea recta a lo largo del estator.

Así, los estatores se montan en el tubo, el rotor se incorpora en la cápsula y la cápsula se impulsa magnéticamente sobre los estatores a medida que se acelera por el tubo.

Las empresas desarrolladoras de Hyperloop estiman que la velocidad máxima que podrá alcanzar una cápsula de pasajeros con carga liviana será de unos 1.080 km/h, aunque la mayoría de las pruebas que se han realizado hasta 2020 alcanzaron velocidades de punta mucho menores. De cualquier forma, la velocidad sería 2 o 3 veces más rápida que en el tren de alta velocidad y los trenes de levitación magnética, y entre 10 y 15 veces más rápida que el tren tradicional. La velocidad promedio a la que viajarán las cápsulas variará según la ruta y los requisitos de los operadores.

Según la física del sistema (movimiento sin contacto a través de un tubo de acero), se puede anticipar que el ruido que se escucharía desde el exterior del tubo a medida que la cápsula pasa a más de 800 km/h sería equivalente al sonido de un gran silbido. Podría decirse que el Hyperloop es una especie de avión volando en un tubo a baja presión, pero, por otro lado, también es muy diferente, porque es un sistema de transporte masivo como un tren. Y también es –como se dijo– un sistema por pedido, es decir, directo a un destino.

Por supuesto, por tratarse de algo totalmente nuevo y en etapa de desarrollo, existe una serie de desafíos por delante antes de llevarlo a la realidad y operarlo con pasajeros. ¿Cuáles son los principales retos a la hora de diseñar una cápsula que transportará personas a tan alta velocidad? Está claro que es la primera

La velocidad que podrían alcanzar las cápsulas de Hyperloop serían 2 o 3 veces más rápidas que la de un tren de alta velocidad, y entre 10 y 15 veces más rápidas que la de un tren tradicional.

vez en la historia que se avanza con tanta convicción sobre un nuevo sistema de transporte. Por eso las empresas van aprendiendo mucho sobre la marcha: hacen pruebas muy a menudo, sacan diferentes conclusiones y mejoran varios aspectos. El otro desafío se relaciona con los marcos reguladores, aunque ya hay buenas iniciativas en los Estados Unidos, Europa, Canadá y también en India, donde se establecen comités para investigar cómo abordar la idea y materializar el uso comercial del Hyperloop.

El gran interrogante es cuándo estarán listos los primeros sistemas Hyperloop, independientemente de que sean para pasajeros o para carga. En la actualidad se estima que las empresas que están trabajando en su implementación van a tener estos sistemas operativos a mediados de esta década. Por su puesto, la capacidad para cumplir con este objetivo dependerá de cuán rápido se mueva el proceso reglamentario y estatutario. Hasta ahora se está viendo una respuesta muy positiva de los gobiernos a la nueva tecnología.

EL CÓDIGO ABIERTO

La tecnología de Hyperloop ha sido pensada de acuerdo con el concepto de *software* libre (o código abierto), por lo cual su mentor, Elon Musk, con su Hyperloop Alpha, ha animado a otros empresarios a exponer sus ideas para enriquecer su desarrollo. Con este propósito se han creado varias empresas y docenas de equipos interdisciplinarios conformados por estudiantes que trabajan para avanzar con la tecnología.

El código abierto es un modelo de desarrollo basado en la colaboración abierta, o sea que cualquiera puede acceder al código fuente del *software*. Es decir, está enfocado más en los beneficios prácticos que en cuestiones éticas o de libertad de divulgación que tanto se destacan en el *software* libre (hace referencia al hecho de adquirir un programa de manera gratuita). A grandes rasgos, el

Futuro tren monorriel de levitación magnética Hyperloop.

código abierto es un *software* que podemos usar, escribir, modificar y redistribuir libremente.

La idea bajo el concepto de código abierto es sencilla: cuando los programadores (en internet) pueden leer, modificar y redistribuir el código fuente de un programa, este evoluciona, se desarrolla y mejora. Los usuarios lo adaptan a sus necesidades, corrigen sus errores con un tiempo de espera menor a la aplicada en el desarrollo de *software* convencional o cerrado, lo que da como resultado la producción de un mejor *software*.

¿QUIÉN ES ELON MUSK?

Elon Reeve Musk nació en Pretoria, Sudáfrica, el 28 de junio de 1971. Estudió en la Universidad de Queen, Canadá, y es cofundador, director general y diseñador principal de la empresa SpaceX (Space Exploration Technologies), donde supervisa el desarrollo y la fabricación de cohetes y naves espaciales avanzados para misiones en la órbita terrestre y más allá de ella, con el objetivo de crear una ciudad autosuficiente en Marte. Sí, en Marte.

Como puede suponerse, SpaceX es la empresa privada de exploración espacial más grande del mundo y entre sus trabajos más importantes se destaca la construcción del *Falcon 9*, algo así como el sucesor del transbordador espacial que conocemos hoy. También es cofundador y director general de Tesla Motors, empresa a la que se le atribuye la fabricación del primer coche eléctrico económicamente viable: el *Tesla Roadster*. En Tesla Motors, supervisa todo el diseño de productos, ingeniería y fabricación de los vehículos eléctricos, pero también de baterías especiales y techos solares. A comienzos de 2020, Tesla Motors anunció que había alcanzado el millón de vehículos vendidos en todo el mundo, sumando las comercializaciones de sus modelos Roadster, Model S, Model X y Model 3, cifra que confirmó su gran aceptación en el mercado automotriz y la posicionó con buenos argumentos de cara al futuro de esta industria.

Si bien SpaceX y Tesla Motors son sus dos empresas más importantes, Musk también es CEO de Neuralink, una compañía que está desarrollando interfaces cerebro-máquina que permitirían conectar el cerebro humano a las computadoras. Además, fundó y es CEO de The Boring Company, que combina la última tecnología en construcción de túneles con un sistema de transporte público totalmente eléctrico para aliviar la congestión urbana y permitir los viajes de larga distancia a alta velocidad. Anteriormente, Musk cofundó y vendió PayPal, el sistema de pago por internet líder en el mundo, y Zip2, que gestionaba el desarrollo, alojamiento y mantenimiento de sitios web específicos para empresas de medios de comunicación.

En diciembre de 2016, este inventor, inversor y magnate fue nombrado como la 21ª persona más poderosa del mundo por la prestigiosa revista *Forbes*. Mientras que en febrero de 2020 su fortuna se estimaba en 22,3 mil millones de dólares, lo que lo convirtió en ese momento en la 40ª persona más rica sobre la faz de la Tierra.

75

SPACEX AL ESPACIO
La empresa SpaceX ha ganado prestigio mundial por una serie de hitos históricos:

• Es la única compañía privada capaz de devolver una nave espacial de la órbita terrestre, lo que logró por primera vez en 2010.
• En 2012, Dragon se convirtió en la primera nave espacial comercial en entregar carga a la Estación Espacial Internacional y traerla desde allí.
• En 2017 logró con éxito el primer reflujo de un cohete de clase orbital y ahora lanza regularmente cohetes de probada eficacia en vuelo.
• En 2018 comenzó a lanzar el *Falcon Heavy*, el cohete operacional más potente del planeta.

Como uno de los proveedores de servicios de lanzamiento de más rápido crecimiento en el mundo, SpaceX ha asegurado más de 100 misiones a su cronograma, lo que representa más de 12.000 millones de dólares en contratos. Estas tareas incluyen

Elon Reeve Musk (1971-).

lanzamientos de satélites comerciales, así como misiones del gobierno de los Estados Unidos.

Próximamente, está previsto que la nave espacial *Dragon* realice numerosas misiones de reabastecimiento de carga a la Estación Espacial Internacional. *Dragon* fue diseñada desde el principio para llevar seres humanos al espacio y pronto volará con astronautas bajo el Programa de Tripulación Comercial de la NASA.

Basándose en los logros de *Falcon 9* y *Falcon Heavy*, SpaceX está trabajando en una nueva generación de vehículos de lanzamiento totalmente reutilizables, que serán los más potentes jamás construidos, capaces de llevar seres humanos a Marte y a otros destinos del Sistema Solar.

77

TESLA MOTORS, EL AUGE

La empresa Tesla Motors fue fundada en 2003 por un grupo de ingenieros que querían demostrarle a la gente que conducir vehículos eléctricos puede ser mejor, más rápido y divertido que los automóviles convencionales. El deportivo Roadster lanzado en 2008 estrenó la tecnología de baterías y propulsión eléctrica desarrollada por Tesla Motors. A partir de entonces, la marca diseñó el primer sedán totalmente eléctrico de alta gama del mundo, el Model S, que ha sido elegido por especialistas de la industria como el mejor coche de su clase, porque combina seguridad, rendimiento y eficiencia. En 2015, Tesla Motors amplió su línea de productos con el Model X, el vehículo utilitario deportivo más seguro y rápido, que cuenta con una clasificación de seguridad de 5 estrellas en todas las categorías por parte de la Administración Nacional de Seguridad del Tráfico en las Carreteras (NHTSA). Para completar el Plan Maestro Secreto del CEO Elon Musk, Tesla Motors introdujo el Model 3, un vehículo eléctrico de bajo precio y gran volumen que comenzó su producción en 2017 y rápidamente se convirtió en un éxito de ventas en todo el mundo. Poco después, la empresa presentó el camión Semi, diseñado

Plataforma de lanzamiento de SpaceX en el Kennedy Space Center de Cabo Cañaveral, Florida, Estados Unidos.

Tesla Motors cree que cuanto más rápido el mundo se dirija hacia un futuro de cero emisiones, mayores serán los beneficios para el planeta y la humanidad.

para ahorrar al menos 200.000 dólares en más de 1,5 millón de kilómetros recorridos, basándose solo en el costo del combustible.

Todos los vehículos de Tesla Motors se producen en su fábrica de Fremont, California, donde también se elabora la gran mayoría de sus componentes. Por otro lado, para crear todo un ecosistema de energía sostenible, Tesla Motors también confecciona un conjunto único de soluciones energéticas como Powewall, una batería de uso doméstico que pesa 100 kg y mide 1,3 m de altura, que permite a los propietarios de viviendas, empresas y servicios públicos gestionar la generación, el almacenamiento y el consumo de energía renovable. Además, como apoyo a los productos de la industria automotriz y energética de Tesla Motors está Gigafactory 1, una instalación diseñada para reducir considerablemente los costos de las baterías. Al llevar la producción de células a la propia empresa, Tesla Motors fabrica baterías en volúmenes necesarios para cumplir los objetivos de producción, al tiempo que crea miles de puestos de trabajo.

En 2020, la empresa no solo construye vehículos totalmente eléctricos, sino también productos de generación y almacenamiento de energía limpia infinitamente escalables. Tesla cree que cuanto más rápido deje el mundo de depender de los combustibles fósiles y se dirija hacia un futuro de cero emisiones, mayores serán los beneficios para el planeta y la humanidad.

Tesla Roadster de 2008

UNA MENTE BRILLANTE

El premio Nobel Nikola Tesla es considerado una de las mentes más brillantes de la humanidad, ya que "conjugaba el conocimiento con la sensibilidad", según sus biógrafos. Se lo conoce por sus numerosas invenciones en el campo del electromagnetismo, desarrolladas a finales del siglo xix y principios del siglo xx. Sus patentes y trabajos teóricos ayudaron a forjar las bases de los sistemas modernos para el uso de la energía eléctrica por corriente alterna, incluido el sistema polifásico de distribución eléctrica y el motor de corriente alterna, que contribuyeron al surgimiento de la Segunda Revolución Industrial. De etnia serbia, nació el 10 de julio de 1856 en el pueblo de Smiljan (actualmente Croacia), en el entonces Imperio austrohúngaro, pero tiempo después se nacionalizó estadounidense. Falleció en Nueva York el 7 de enero de 1943 a raíz de una trombosis coronaria.

EL LIBRO BLANCO DE ELON MUSK

Además de su impresionante currículum, el físico Elon Musk es el ideólogo del sistema Hyperloop. El manuscrito *Hyperloop Alpha*, como se denominó a la génesis de este novedoso sistema de transporte en masa, está compuesto por apenas 58 páginas y comienza así: "Las primeras páginas intentarán describir el diseño en un lenguaje cotidiano, manteniendo los números al mínimo y evitando fórmulas y jergas. Pido disculpas de antemano por mi uso suelto del lenguaje y las analogías imperfectas. La segunda sección es para aquellos con antecedentes técnicos. No hay duda de que contiene errores de varios tipos y se necesitan optimizaciones superiores para algunos elementos del sistema. Sus comentarios serán bienvenidos. Envíelos a hyperloop@spacex.com o hyperloop@teslamotors.com. Quisiera agradecer a mis excelentes compadres en ambas compañías por su ayuda para armar esto".

De lo que no hay duda es de que Musk buscó generar un efecto multiplicador tanto entre científicos y expertos como en inversores, empresas y la propia sociedad. Y parece que lo logró.

El concepto o boceto se publicó por primera vez en agosto de 2013. En sus páginas, Musk pone como ejemplo para su desarrollo una ruta imaginaria que va desde la ciudad de Los Ángeles hasta el área de la bahía de San Francisco, ambos puntos situados en el estado de California, siguiendo de alguna forma la traza de la autopista interestatal 5.

Nikola Tesla (1856-1943)

"El corredor entre Los Ángeles y San Francisco es uno de los más transitados en el oeste americano. Los modos prácticos actuales de transporte de pasajeros entre estos dos centros urbanos incluyen: carretera (económica, lenta, generalmente no ecológica), aire (caro, rápido, no ecológico) y tren (costoso, lento, a menudo ecológico). Se necesita un nuevo modo de transporte que tenga los beneficios de los medios actuales sin los aspectos negativos de cada uno. Este nuevo sistema de transporte de alta velocidad tiene las siguientes ventajas: parte cuando el pasajero está listo para viajar, es barato, rápido y respetuoso con el medio ambiente", señala Musk en su manuscrito.

El sistema Hyperloop permitirá a los pasajeros realizar este recorrido –de unos 600 km– en apenas 35 minutos (en auto se tarda casi 6 horas). Las cápsulas que viajan en el interior del tubo podrían transportar hasta 28 pasajeros y cada una saldría en promedio cada 2 minutos (hasta cada 30 segundos durante las horas pico de uso). Si bien en el *Hyperloop Alpha* Musk señala que las cápsulas viajarán en promedio a 300 km/h, se estima que podrían alcanzar los escalofriantes 1.200 kilómetros por hora.

"El Hyperloop utiliza un motor de inducción lineal para acelerar y desacelerar las cápsulas. Esto proporciona varios beneficios importantes sobre un motor de imán permanente, por ejemplo, el menor costo de materiales (el rotor de aluminio puede tener una forma simple y no requiere elementos extraños), cápsulas más livianas y de dimensiones contenidas", agrega Musk.

El rotor de los aceleradores lineales tiene una concepción muy simple: se trata básicamente de una hoja de aluminio de 15 metros de longitud, 0,45 metros de altura y 50 milímetros de espesor. La corriente fluye principalmente por el exterior de esta cuchilla, lo que permite que sea hueca, para disminuir su peso y su costo. El espacio entre el rotor y el estator es de 20 milímetros en cada lado. Una combinación del sistema de control de la cápsula y las fuerzas de centrado electromagnético permite que la cápsula entre, se quede adentro y salga de manera segura. Mientras, el estator está montado en el fondo del tubo sobre los 4 kilómetros que se necesitan para acelerar y desacelerar. Tiene aproximadamente 50 centímetros de ancho (incluido el espacio de aire) y 10 centímetros de altura, y pesa 74 kilogramos. En materia de seguridad, tanto del sistema en sí como de los pasajeros que viajan en las cápsulas, el manuscrito sostiene que "las cápsulas de Hyperloop se diseñarán con los más altos estándares de seguridad y se fabricarán con extensos controles de calidad para garantizar su integridad. En el caso de una fuga menor, el sistema de control ambiental mantendría la presión de la cápsula utilizando el aire de reserva transportado a bordo por el período necesario para llegar al destino. En el caso de una despresurización más significativa, se desplegarían máscaras de oxígeno como en los aviones. Una vez que la cápsula llegara al destino de manera segura, sería retirada del servicio. La seguridad del suministro de aire a bordo en Hyperloop sería muy similar a la de los aviones, por lo cual puede aprovechar décadas de desarrollo en sistemas similares. En el caso improbable de una despresurización de la cápsula a gran escala, otras cápsulas en el tubo comenzarán automáticamente a frenar de emergencia, mientras que el tubo se someterá a una presurización rápida a lo largo de toda su longitud".

A diferencia de otros modos de transporte, Hyperloop es un sistema único que incorpora el vehículo, el sistema de propulsión, la administración de energía, el tiempo y la ruta. Las cápsulas viajan en un entorno de tubos cuidadosamente controlado y mantenido, lo que hace que el sistema sea inmune al viento, el hielo, la niebla y la lluvia. El sistema de propulsión está integrado en el tubo y solo puede acelerar la cápsula a velocidades seguras en cada sección.

En este manuscrito, Musk también menciona los costos de desarrollo aproximados para construir y poner en funcionamiento esta ruta. Habla de unos 6.000 millones de dólares para un sistema que transportaría solo pasajeros, y de 7.500 millones de dólares para una configuración con tubos de mayor diámetro que podrían movilizar en su interior cápsulas para pasajeros, pero también otras exclusivas para transportar vehículos. Por supuesto, apenas salió a la luz el *Hyperloop Alpha*, varios analistas aseguraron que el costo total para la construcción de una ruta Hyperloop sería de varios miles de millones de dólares más de lo presupuestado por Musk.

EL PROYECTO HYPERLOOP ALPHA

1 La corriente eléctrica fluye sobre el riel positivo.

2 La corriente eléctrica fluye a través de la armadura y debajo del riel negativo.

3 La fuerza magnética es dirigida hacia atrás de modo que empuja la armadura y el tren hacia adelante

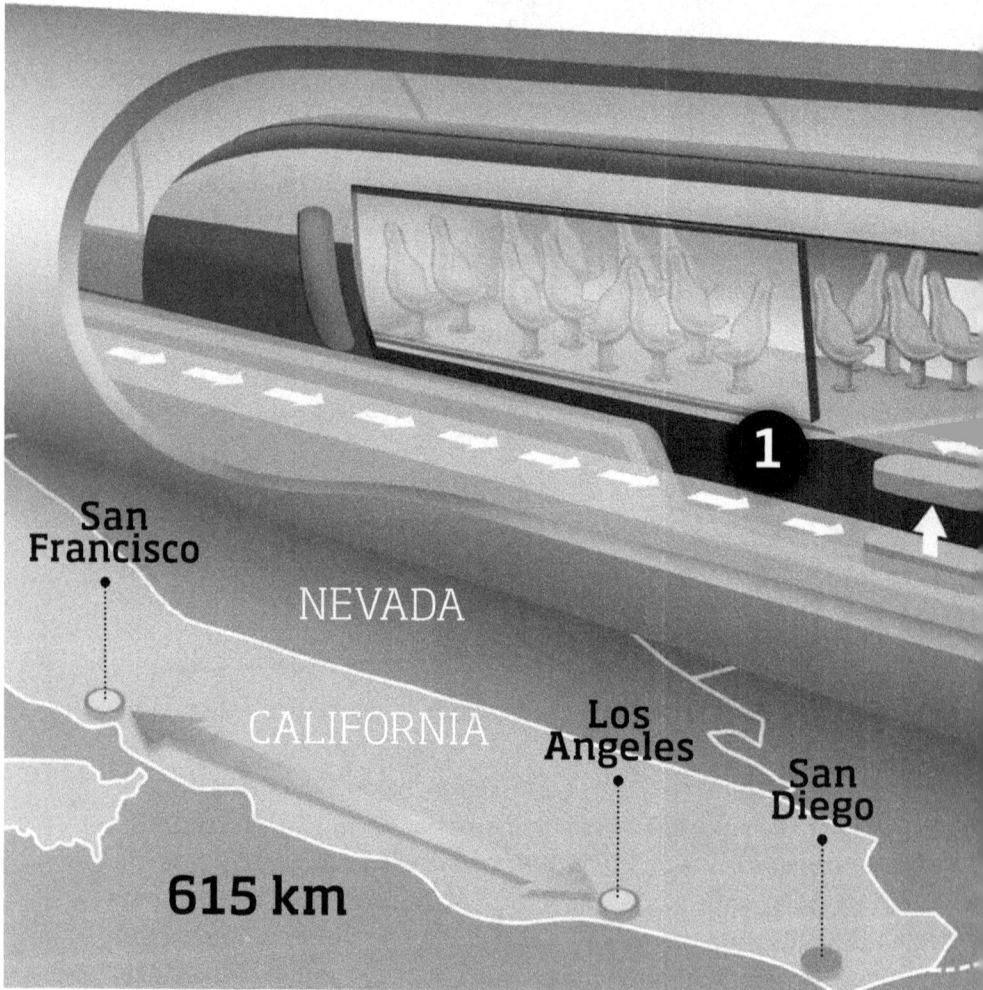

San Francisco

NEVADA

CALIFORNIA

Los Angeles

San Diego

615 km

Automóvil: 5 horas 40 minutos
Avión: 1 hora 15 minutos
Hyperloop: 35 minutos

Los tubos podrán instalarse sobre o bajo la tierra y serán antisísmicos.

Velocidad máxima: 1200 km/h

Cada cápsula transporta hasta 28 pasajeros.

Las cápsulas se desplazan por levitación magnética.

La baja presión en el túnel disminuye la resistencia del aire.

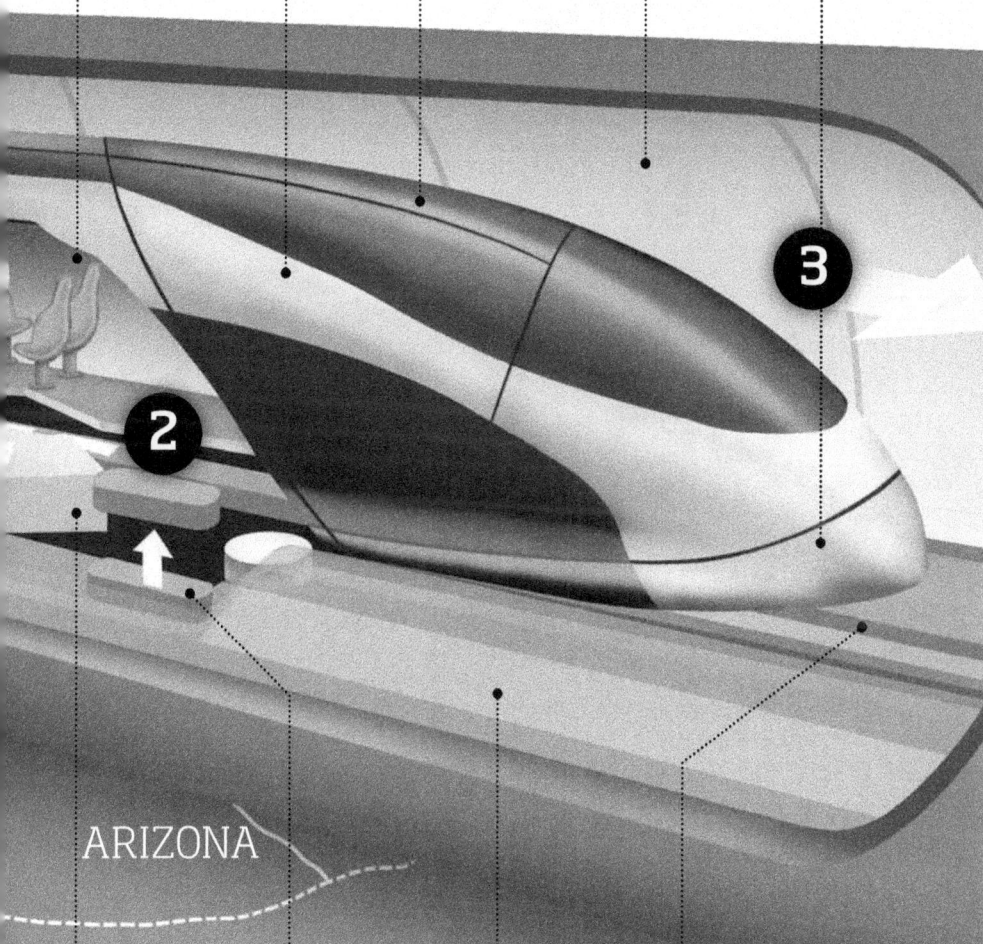

3

2

ARIZONA

Armadura

Riel positivo

Riel negativo

Imanes

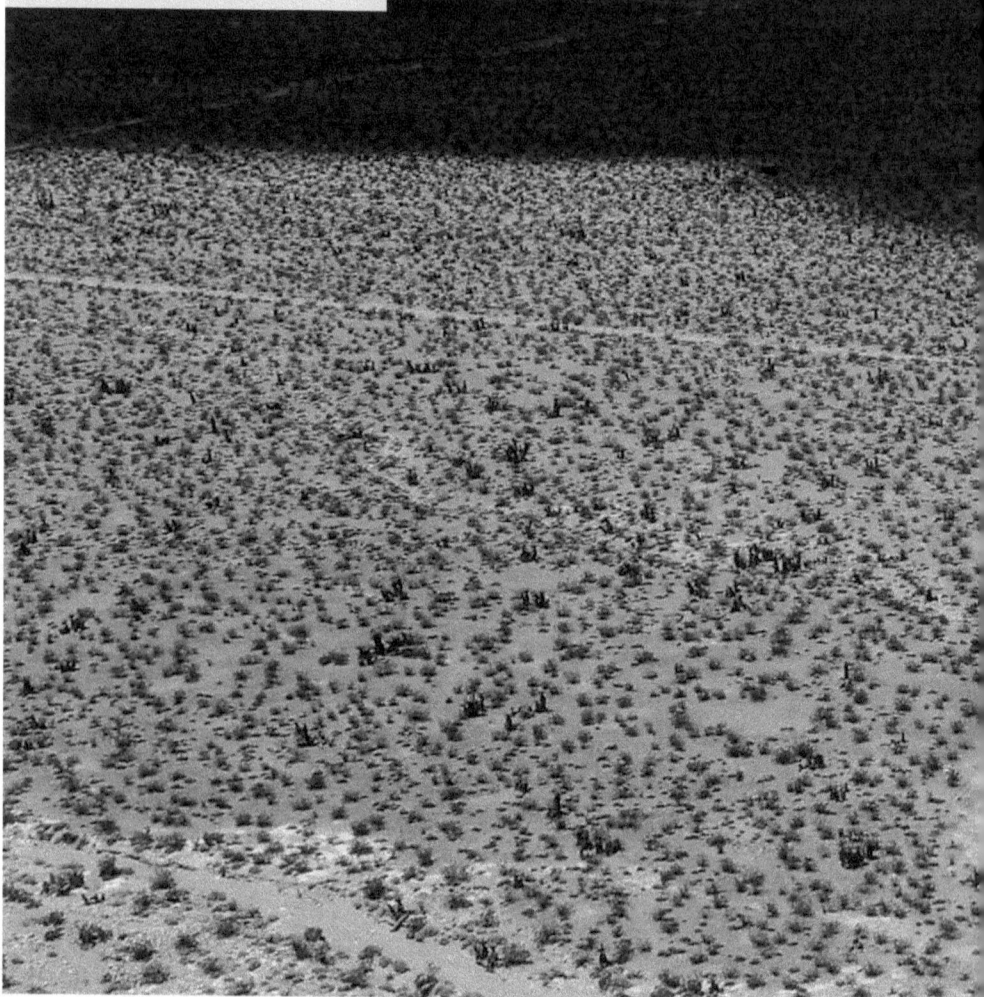

Pista de pruebas de Virgin Hyperloop One en el desierto de Nevada, Estados Unidos.

VIRGIN HYPERLOOP ONE EN LA CRESTA DE LA OLA

Virgin Hyperloop One es la principal empresa entre las que, alrededor de todo el planeta, se está invirtiendo esfuerzo, dinero y toda la tecnología posible para ser los primeros en inaugurar una red de Hyperloop comercial. A comienzos de 2020, y luego de algunas pruebas fructíferas (sin pasajeros, obviamente) en un pequeño trayecto construido en el desierto de Nevada, Estados

Unidos, Virgin Hyperloop One es la que más cerca está de lograrlo.

¿Es exactamente el mismo sistema que ideó Elon Musk? No. Una de las diferencias entre lo que él llamó Hyperloop Alpha y el modelo conceptual de Virgin Hyperloop One, bautizado XP-1, tiene que ver con la levitación. Musk habla en su prototipo de los cojinetes de aire, pero como tienen un consumo de energía muy grande y, además, se desplazan muy cerca de la superficie, no son una solución muy confiable para algo que va a ser construido a lo largo de muchos kilómetros. Así que, luego de diversas pruebas y

Virgin Hyperloop One es una de las
empresas más desarrolladas y que más
posibilidades tiene de llevar a la operatividad
este nuevo medio de transporte.

evaluaciones del concepto de Musk, Virgin Hyperloop One construyó su propio sistema de levitación magnética.

Otra de las diferencias entre ambos sistemas es la construcción
de túneles bidireccionales, que incluso son más pequeños que un
túnel ferroviario de alta velocidad de un solo sentido. Así, se gana en
economía de desarrollo y eficiencia respecto del primer bosquejo de
Hyperloop Alpha. Además, el sistema creado por Virgin Hyperloop
One existe en un entorno de baja presión, no en un vacío completo.
También, las cápsulas del prototipo XP-1 tienen un diseño diferente:
las carrocerías se han optimizado para acomodar las cargas aerodinámicas mientras se adhiere a restricciones estrictas.

¿Cuánto costará construir y operar los sistemas? La inversión
para la fabricación de los túneles y la puesta en marcha del sistema
variarán ampliamente según el trayecto, el tipo de ruta y la aplicación (pasajeros o carga), pero algunos empresarios sostienen que
estos costos podrían ser de apenas dos tercios respecto de los que
acarrea la construcción de un tren de alta velocidad.

¿ES SEGURO HYPERLOOP?

Como pueden imaginarse, la seguridad es la prioridad número uno
de las empresas constructoras de Hyperloop. De hecho, las incóg-
nitas más grandes sobre la viabilidad de este proyecto radican en la
forma en que se puede brindar la máxima seguridad a los pasajeros
en una cápsula que viaja a elevadísima velocidad dentro de un tubo
cerrado. Los ingenieros más reconocidos que trabajan en la producción de este medio de transporte aseguran que Hyperloop es más
seguro y confiable que los Maglev o cualquier tren de alta velocidad.
Las claves son varias. Una, por ejemplo, es que al no tener cruces
a nivel (el riesgo principal que representan los trenes convencionales), no hay interacciones con otras formas de transporte o vida silvestre. También hay que destacar que son totalmente autónomos,
por lo que no hay posibilidades de errores humanos relacionados

con el control de las cápsulas. Por supuesto, estas cápsulas son inmunes a la mayoría de los eventos climáticos y estarán dotadas de múltiples técnicas de frenado de emergencia, lo que desencadenará una detención inmediata del vehículo.

Los Hyperloop tendrán un conjunto completo de sistemas de soporte vital y contarán con la capacidad de volver a presurizar el tubo si es necesario. Más allá de esto, uno de los desafíos más importantes de los fabricantes es trabajar con las autoridades reguladoras para definir e implementar los mejores protocolos de seguridad para que este nuevo medio de transporte en masa sea confiable.

Igualmente, la pregunta es obvia: ¿qué sucede si se abre una brecha en el tubo? Los tubos estarán construidos con acero grueso y resistente, y serán muy difíciles de perforar. Además, tanto el tubo como las cápsulas se construirán para soportar hasta 100 Pa de presión o más (equivalente a la presión del aire a 60.000 metros sobre el nivel del mar), para soportar incluso cambios repentinos de presión de aire y también para tolerar de manera segura pequeñas fugas o agujeros sin reducir su integridad estructural. Si hubiera una fuga o ruptura en el tubo el aire se filtraría hacia el interior. De esta manera, los vehículos afectados se ralentizarían debido a la presión de aire adicional y requerirían un aumento de potencia para llevarlos a la siguiente estación. También existirá la capacidad de cercenar partes de la ruta y volver a presurizar secciones en caso de una emergencia importante.

Cada cápsula tendrá salidas de emergencia, pero la mayoría de ellas se deslizarán con seguridad hasta la siguiente estación o punto de salida en caso de cualquier eventualidad. Además, cada cápsula deberá contar con sensores en todo el sistema para notificar cualquier error de funcionamiento, de modo que se pueda identificar y realizar tareas de mantenimiento para resolver dicho inconveniente.

¿Qué se sentirá al viajar en el Hyperloop? Casi lo mismo que al viajar en un elevador o en un avión de pasajeros. Los sistemas que se están construyendo se acelerarán con las mismas fuerzas G tolerables que las del despegue en un avión comercial ultramoderno. La aceleración y la desaceleración serán graduales y, de acuerdo con la ruta, las fuerzas G podrían eliminarse aún más. Además, dentro del tubo no habrá turbulencias.

Las cápsulas viajarán a velocidades
sorprendentes dentro del tubo.

EL AVANCE DEL PROYECTO
HYPERLOOP

2013

Enero. En un viaje juntos en una misión humanitaria a Cuba, Elon Musk le cuenta por primera vez al inversor de riesgo y empresario Shervin Pishevar (1974-) sobre la idea del Hyperloop: una actualización de la vieja utopía de mover vehículos a altas velocidades a través de tubos de baja presión. Meses más tarde, en una conferencia técnica, Shervin Pishevar insta a Musk a compartir sus ideas con el público.

Agosto. Elon Musk publica el libro blanco Hyperloop Alpha, que genera en la industria un entusiasmo abrumador. Incluso el por entonces presidente de los Estados Unidos, Barack Obama, se muestra interesado en llevar adelante el proyecto.

2014

Abril. Shervin Pishevar recluta al asesor político Jim Messina y a los empresarios tecnológicos Joe Lonsdale, David Sacks y Peter Diamandis para que se unan a la junta directiva de su nueva startup: Hyperloop.

Junio. Hyperloop Technologies Inc. se funda en un garaje de Los Ángeles. Josh Giegel, cofundador de la empresa, esboza en una pizarra los primeros elementos del sistema y el modelo de negocio inicial.

Diciembre. Hyperloop Technologies Inc. establece un campus de innovación en el distrito de arte de Los Ángeles.

94

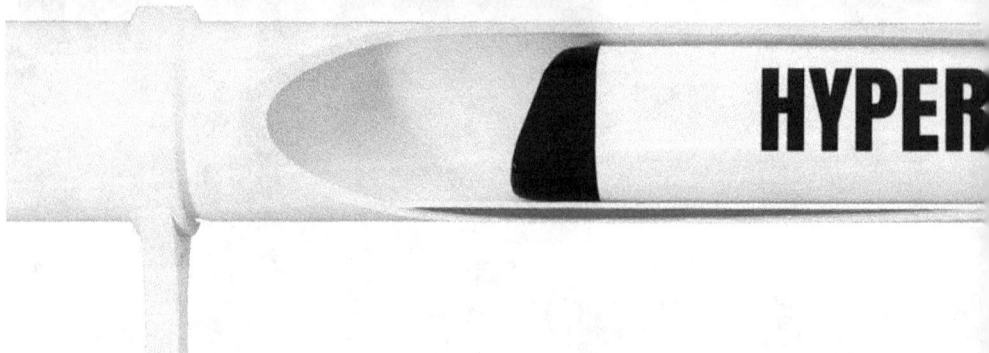

2013   2014

HYPER

2015

Junio. Shervin Pishevar recluta a Rob Lloyd, expresidente de Cisco Systems, para que se una a la compañía como CEO, a través de un mensaje de texto: "Ven a cambiar el mundo conmigo". Los fondos recaudados por la empresa para financiar investigación y desarrollo alcanzan los 11 millones de dólares.

Agosto. El Gran Tubo se instala en el patio del campus de Los Ángeles. El recipiente de acero al carbono (de 15 por 3,6 metros y 3,5 toneladas) se utiliza para validar las soldaduras, las aberturas, el diseño, los pasajes de vacío y la automatización de la fabricación.

Septiembre. El Lev Rig es un banco de pruebas alojado en una cámara ambiental de 18 m³ capaz de alcanzar presiones por debajo de 1/1000 de presión atmosférica. El rotor alcanza velocidades de superficie de hasta 300 m/s. Estas velocidades son necesarias para simular los sistemas de levitación del Hyperloop que se usan en los vehículos de prueba. Mientras, el Blade Runner fue diseñado, fabricado y construido para probar palas de compresor axial a escala y estructuras aerodinámicas en entornos por debajo de 1/1000 de presión atmosférica. Alimentado por dos bombas de vacío de 2.000 CFM, el Blade Runner permite al equipo realizar pruebas de larga duración mientras ajusta las variables de flujo en velocidades que van desde los regímenes subsónicos hasta los supersónicos.

2016

Mayo. En una prueba de propulsión en vivo al aire libre, un trineo (vehículo que se utilizó como antesala de las cápsulas de pasajeros), acelera a casi 220 km/h en 2,2 segundos, frenando en un banco de arena y validando el diseño del motor y el sistema electrónico de potencia. Este mismo día, la compañía cambia su nombre a Hyperloop One para subrayar su estatus como la primera y única compañía que construye un sistema completo de Hyperloop. Además, lanza el Desafío Global para captar el interés de todo el mundo por los primeros proyectos de Hyperloop. La iniciativa tiene un éxito inmediato.

Julio. Hyperloop One, FS Links y KPMG publican el primer estudio de un sistema Hyperloop que propone un enlace de 28 minutos entre Helsinki y Estocolmo. Abre Metalworks en el norte de Las Vegas, Nevada, y se convierte en la primera planta de fabricación de Hyperloop en el mundo. La instalación de 10.000 metros cuadrados sirve como planta de herramientas y fabricación para crear componentes de Hyperloop.

Agosto. DP World firma un acuerdo para estudiar una ruta de Hyperloop para mejorar la eficiencia, la rentabilidad y la sostenibilidad del puerto de Jebel Ali, en Dubai, Emiratos Árabes. Mientras, Hyperloop One inicia su Development Loop (DevLoop): la primera pista de prueba a gran escala del mundo, en Las Vegas.

Noviembre. La Autoridad de Carreteras y Transporte de Dubai (RTA) acuerda evaluar un enlace de Hyperloop entre Dubai y Abu Dhabi, que reduciría un viaje de más de 90 minutos a solo 12 minutos.

95

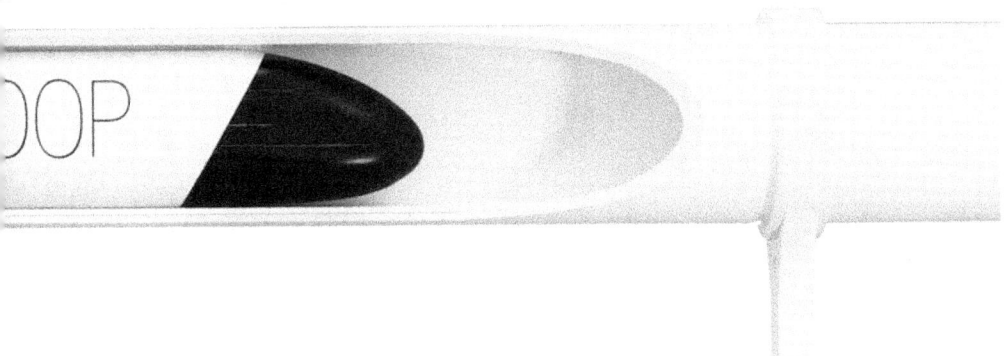

2015 2016

2017

Marzo. Se termina la construcción de DevLoop, la primera pista de prueba a escala real de Hyperloop. "Tener un laboratorio exterior nos da una capacidad única para probar varias tecnologías de levitación, propulsión, vacío y control. Realizaremos cientos de diferentes tipos de pruebas en los próximos meses, y canalizaremos todos los conocimientos que obtengamos en las próximas generaciones de sistemas Hyperloop One que se produzcan en los años venideros", aseguran sus creadores.

Mayo. Hyperloop One se convierte en la primera compañía del mundo en probar un sistema de Hyperloop a escala real, con electrónica de potencia, una vaina autónoma, sistemas de control de motores y de frenado, pista de levitación y sistemas de guía.

Julio. Se muestra la cápsula de pruebas XP-1 en el sitio de DevLoop para probar la aerodinámica y los materiales estructurales. Acelera durante 300 metros y se desliza por encima de la pista usando levitación magnética antes de frenar y detenerse gradualmente.

Septiembre. Diez equipos son elegidos ganadores en el Desafío Global de Hyperloop One, en el que empresas de todo el mundo han participado con proyectos para desarrollar sus modelos de Hyperloop y sus diferentes rutas, en EE. UU., Reino Unido, México, India y Canadá.

Octubre . Richard Branson y el Grupo Virgin invierten en Hyperloop One. La combinación de la tecnología de Hyperloop One y la experiencia de Virgin en operaciones, seguridad y experiencia con pasajeros acelera la fase de comercialización de la compañía.

2018

Abril. Richard Branson y Josh Giegel presentan la cápsula Vision 2030 en Arabia Saudita. Esta visita cimenta aún más el compromiso entre el país árabe y Virgin Hyperloop One de llevar la tecnología de Hyperloop a dicho mercado.

Junio. El Ministro Principal de Maharashtra, India, Devendra Fadnavis, y representantes del Gobierno del Estado, incluida la Autoridad de Desarrollo de la Región Metropolitana de Pune (PMRDA), visitan el Virgin Hyperloop One en Nevada. Es un paso fundamental para construir el primer Hyperloop en la India.

Agosto. La Agencia del Gobierno Español (ADIF) firma un acuerdo para abrir la primera instalación europea de desarrollo de Hyperloop con Virgin Hyperloop One. Este acuerdo acelera el desarrollo y las pruebas de la tecnología y la comercialización en toda Europa, al tiempo que estimula el crecimiento económico y la creación de empleo en la región andaluza de España.

Octubre. Black & Veatch, una de las empresas de ingeniería más importante de los Estados Unidos, anuncia los resultados del primer estudio de viabilidad del Hyperloop. El informe confirma la viabilidad comercial de la tecnología. "Descubrimos que este proyecto es un caso de ingeniería sólida que se encuentra con la visión innovadora para crear una red que transforme el concepto mismo de transporte en la sociedad", dice Steve Edwards, presidente y CEO de Black & Veatch.

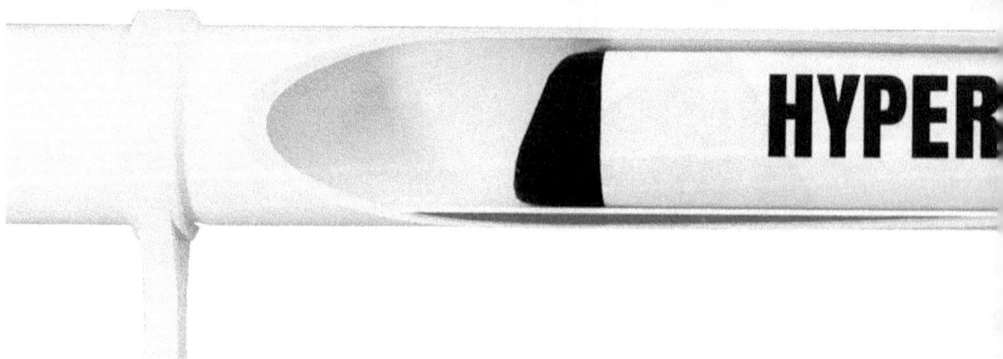

2017   2018

EL AVANCE DEL PROYECTO
HYPERLOOP

2019

Julio. Virgin Hyperloop One y la Autoridad de la Ciudad Económica de Arabia Saudita (ECA) anuncian una asociación de desarrollo para llevar a cabo un estudio para construir la pista de pruebas más larga del mundo, así como un centro de investigación y desarrollo y una fábrica de Hyperloop en el norte de la ciudad de Jeddah.

Octubre. La cápsula de prueba XP-1 se presenta en el Capitolio de Washington DC como parte de su gira nacional. Se busca un mayor apoyo a la innovadora tecnología de transporte masivo a través de todo el territorio de los Estados Unidos.

2020

Enero. Virgin Hyperloop One anuncia que recibió 17 propuestas de diferentes estados para albergar el Centro de Certificación de Hyperloop (HCC). Este centro acogerá el primer producto de pasajeros en los Estados Unidos y realizará las pruebas de seguridad clave necesarias para la certificación. Además, varios estados también están explorando rutas que conecten ciudades dentro de sus regiones.

97

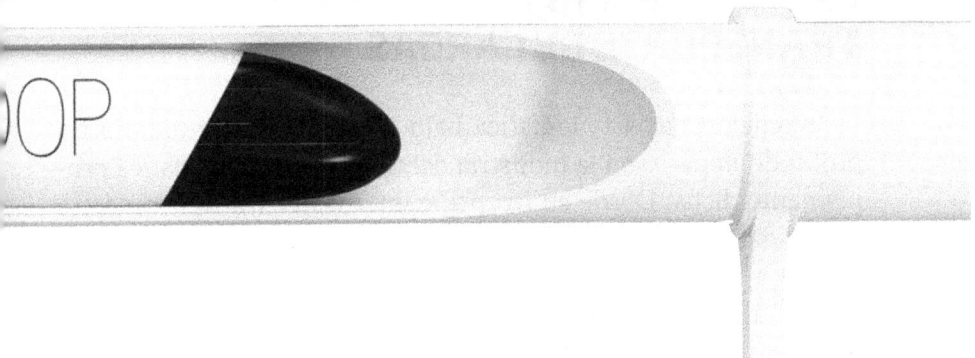

Así podrían ser las terminales portuarias en un futuro no muy lejano.

LA LOGÍSTICA DEL TRANSPORTE DE CARGAS

La evolución hacia la logística bajo demanda está teniendo un profundo impacto en la industria del transporte y la logística propiamente dicha. Desde su irrupción en nuestra vida, el comercio electrónico ha cambiado las expectativas de los consumidores en cuanto a la velocidad de los envíos. Por eso, para las empresas, reducir al mínimo el tiempo de demora de las entregas a pedido representa una ventaja sumamente competitiva.

Según análisis de especialistas, se estima que para 2050 se cuadruplicará el transporte mundial de mercaderías, con énfasis en la entrega de envíos de alta prioridad. Obviamente, este crecimiento presionará al máximo la ya sobrecargada infraestructura aérea, ferroviaria, portuaria y por carretera. Una nueva modalidad de entregas será necesaria para cumplir con las exigencias de los clientes y los objetivos de las empresas. Para entonces, la logística ya no será la misma.

Dos elementos controlan el transporte de carga: el costo y la velocidad. Por eso, si se necesita recibir algo (mercadería,

El sistema de entregas de mercadería también sería beneficiado con un sistema de Hyperloop adaptado a las necesidades.

medicamentos u otro producto) con urgencia, hay que pagar un precio más elevado. Si se puede esperar varios días por esa entrega, ese valor será sensiblemente más barato. Para tratar de cambiar esa ecuación, con el DP World Cargospeed ideado por Virgin Hyperloop One, por ejemplo, un viaje de cuatro días en camión puede reducirse a 16 horas con costos realmente bajos.

¿QUÉ ES DP WORLD CARGOSPEED?

Operado por DP World y habilitado por la tecnología Virgin Hyperloop One, el sistema Cargospeed será capaz de brindar una entrega rápida, a pedido y directa de la carga *paletizada*. Diseñado para proporcionar un servicio de calidad para productos de alta prioridad y bajo demanda, DP World Cargospeed entregará la carga con la velocidad de un envío aéreo, pero más cerca del costo

del transporte por camión. La atención se centraría en los productos de alta prioridad a pedido: alimentos frescos, suministros médicos, productos electrónicos y otros.

A partir de esta tecnología, está claro que los sistemas de Hyperloop pueden cambiar las reglas de la logística. Los consumidores desean cada vez más que las entregas se realicen el mismo día en que se adquiere el producto y las empresas quieren cadenas de suministro cada vez más eficientes, que liberen una mayor capacidad de crecimiento. DP World Cargospeed expandirá la capacidad de transporte de carga en una región al conectarse con los modos existentes de transporte por carretera, ferroviario, portuario y aéreo y proporcionará una mayor conectividad con parques industriales y zonas económicas, centros de distribución y centros urbanos regionales.

Aún no hay una reglamentación general sobre el sistema Hyperloop y sus múltiples partes, por ejemplo, los lineamientos específicos que se deben cumplir en la construcción de los tubos.

Una cadena de suministro habilitada para Hyperloop más rápida y frecuente le da a cada depósito un rango adicional y permite un movimiento más rápido de mercaderías a través de distancias más largas. Además de reducir los tiempos de entrega, esto también puede optimizar el espacio del depósito, lo que conduce a una mayor rentabilidad.

LA REGULACIÓN EUROPEA, UNA REALIDAD

A medida que crece el interés por la industria de Hyperloop y más empresas entran en el mercado, la disparidad de soluciones podría tener un impacto negativo en la interoperabilidad de la infraestructura, el material rodante, la señalización y otros subsistemas, lo que hace difícil y costoso transportar pasajeros y mercaderías de un país a otro debido a la dependencia de los sistemas adoptados en cada lugar.

Mediante el desarrollo de estándares, especificaciones y enfoques comunes, el JTC 20, un comité técnico formado por varios países europeos que están trabajando en la implementación de Hyperloop, ayudará a mitigar estos posibles inconvenientes para la implementación del sistema en todo el continente.

El objetivo de este comité técnico es definir, establecer y estandarizar la metodología y el marco para regular los sistemas de transporte por Hyperloop y garantizar la interoperabilidad y los altos estándares de seguridad en toda Europa. El consorcio de compañías responsables de impulsar la iniciativa en torno a la estandarización internacional está conformado por Hardt (de los Países Bajos), Hyper Poland (de Polonia), TransPod (de Canadá, con oficinas en Italia y Francia) y Zeleros (de España). El JTC 20 abarcará grupos de trabajo que se centrarán en varios componentes de los sistemas Hyperloop, incluidos el desarrollo de las cápsulas para pasajeros, la infraestructura general, los componentes del tubo y los protocolos de comunicaciones. Al mismo tiempo, una red de centros de investigación ya se encuentra en la etapa de planificación y comenzará a operar en los próximos años en Francia, Polonia, España y los Países

Bajos. Servirán como sitios de investigación para la prueba y validación de las tecnologías y los estándares que salen del JTC 20. Tras su validación, las recomendaciones se incluirán en una propuesta legislativa que se presentará al Parlamento Europeo y al Consejo de la Unión Europea. Con este acuerdo, todas las partes colaborarán en una hoja de ruta común hacia los estándares y las regulaciones, mientras continúan operando como compañías independientes.

LAS EMPRESAS MÁS ENCUMBRADAS

Un mundo en el que la distancia no importa. Esta es la misión de la empresa Hardt. Y para hacerlo posible está desarrollando un transporte inteligente, conveniente y sostenible que cuenta con el apoyo de la Cámara Baja del Parlamento holandés, Tata Steel, Royal IHC, Dutch Railways, Royal BAM y UNIIQ.

Mars Geuze, cofundador y CCO de la empresa holandesa, asegura: "Las soluciones de transporte innovadoras como el Hyperloop requieren un amplio apoyo de los sectores público y privado. En el último año hemos visto a líderes de la industria unirse al desarrollo".

Por su parte, Hyper Poland, para avanzar con su visión de Hyperloop, se asoció con LOT Polish Airlines, DB Schenker y Railway Research Institute. El equipo cree que el Hyperloop cambiará la realidad y obtendremos mucho más de lo que hoy deseamos: tiempo. Przemysław Pączek, cofundador y director ejecutivo de Hyper Poland, sostiene: "El establecimiento de un marco internacional para el desarrollo de estándares de Hyperloop es un paso importante para garantizar que las soluciones propuestas cumplan con los requisitos reglamentarios y de seguridad. Las asociaciones adecuadas entre las empresas y las organizaciones de investigación deberían conducir a una implementación de esta tecnología disruptiva. Esperamos que los efectos de sinergia sean significativos".

En tanto, el objetivo de TransPod es redefinir el transporte comercial entre las principales ciudades en los mercados más desarrollados, pero también entre los países emergentes. Se fundó en 2015 para construir un sistema de Hyperloop que conecte a personas, ciudades y empresas con transporte de alta velocidad, asequible y ambientalmente sostenible.

TransPod tiene su sede en Toronto, Canadá, y Sebastien Gendron es el cofundador y director ejecutivo de empresa: "El futuro del transporte se basa en su capacidad para reducir virtualmente las distancias y crear una economía mucho más interconectada y una verdadera comunidad global. Estamos compartiendo ideas con otros líderes para replantearnos y mejorar la forma en que vivimos y trabajamos. De esta manera, nos aseguramos de no desarrollar esta nueva tecnología en forma aislada, sino a través de un esfuerzo cooperativo para garantizar altos niveles de seguridad e interoperabilidad".

Al respecto, Zeleros, la primera empresa española de Hyperloop, desarrolla un sistema escalable de alta velocidad que minimiza los costos de infraestructura al integrar las principales tecnologías en un vehículo autónomo. La compañía está trabajando con empresas líderes, diversos centros de investigación (Universitat Politècnica de València, IMDEA) y está respaldada por el Centro de Tecnología Plug and Play de Silicon Valley, Climate-KIC, y Lanzadera (la aceleradora e incubadora de empresas de Juan Roig), entre otras.

Juan Vicén, cofundador y CMO de Zeleros, declara: "Estamos marcando el comienzo de una nueva era en el transporte de alta velocidad. La cooperación en la estandarización de Hyperloop es clave para asegurar que todo el mundo se beneficie de él. Ahora es el momento de demostrar todo el potencial de la innovación global combinando de manera eficiente lo mejor de las industrias aeroespacial, ferroviaria y de vacío".

LOS DIEZ PROYECTOS ELEGIDOS: AVANCES Y PROMESAS

Con la investigación y el desarrollo del Hyperloop avanzando como nunca, el primer sistema operativo está a punto de convertirse en una realidad. ¿Dónde? Aún es una incógnita, porque a pesar de que se han propuesto rutas en los Estados Unidos, Emiratos Árabes, India, algunos países de la región escandinava y México, entre otros, hasta 2020 ningún proyecto ha recibido el compromiso total de un gobierno nacional o una corporación privada. En

Estados Unidos, por ejemplo, Virgin Hyperloop One anunció en enero de 2020 su próxima fase de desarrollo: una búsqueda y evaluación a lo largo y ancho del territorio para obtener la primera certificación oficial del proyecto Hyperloop. Para ello, la empresa ya había encarado un dialogo con el público en distintos lugares del país acerca del futuro del transporte en masa.

Se han enviado cartas a cada uno de los gobernadores de los diferentes estados con el objetivo de formar un Centro de certificación para Hyperloop. Este centro se encargaría de llevar a cabo las pruebas de seguridad requeridas para otorgar la certificación.

Pero con la tecnología madurando rápido y el concepto establecido para tener un impacto revolucionario, se pueden mencionar algunas rutas en las que las empresas fabricantes de Hyperloop están trabajando fuertemente y podrían cambiar nuestro mundo antes de lo imaginado. Obviamente, las rutas de Nueva York a Londres o de El Cairo a Ciudad del Cabo son impresionantes para teorizar, pero la tecnología, la logística y la economía necesarias para hacerlas realidad por ahora las hace inviables.

107

Canadá

TORONTO - MONTREAL

OTTAWA   TORONTO

MONTREAL

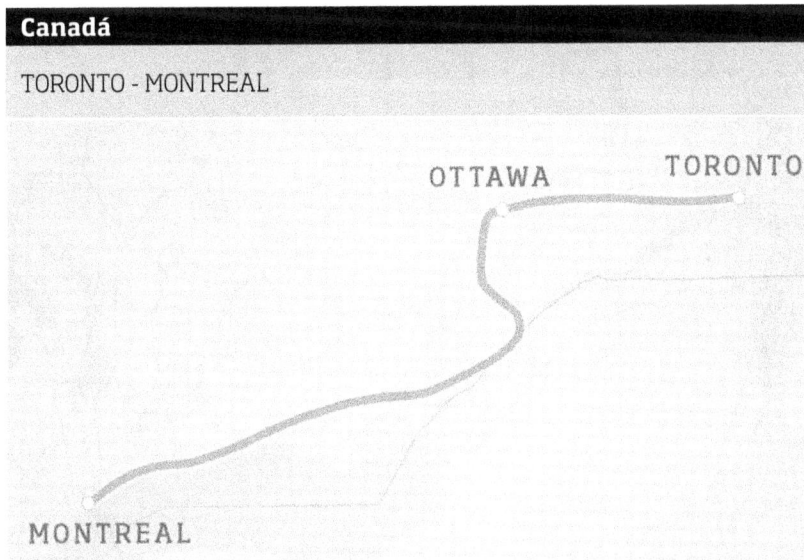

El audaz compromiso de Canadá de mejorar su infraestructura presenta una oportunidad interesante para el futuro sistema de transporte. La propuesta conectaría Montreal, Ottawa y Toronto y crearía una megarregión canadiense que abarcaría hasta una cuarta parte de la población del país.

Estados Unidos

CHEYENNE - DENVER - PUEBLO

El crecimiento demográfico de Colorado y los sectores industriales emergentes se beneficiarían enormemente con una conexión a lo largo de Front Range. Un enlace de alta velocidad sería beneficioso para la industria turística del estado, vincularía sectores de alto valor agregado como biotecnología y tecnología aeroespacial, y ayudaría a aliviar la congestión interurbana.

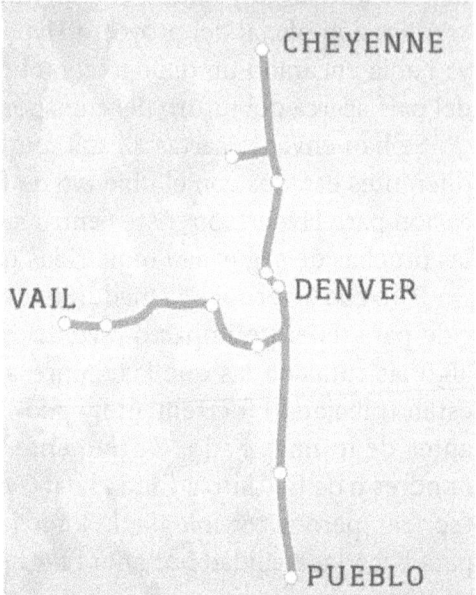

CHEYENNE

VAIL   DENVER

PUEBLO

Estados Unidos

MIAMI - ORLANDO

Un enlace Hyperloop entre Miami y Orlando uniría los centros económicos y de turismo del estado, y facilitaría el movimiento de carga desde el puerto de Miami hasta el resto del estado. Además, el corredor tiene el potencial de extenderse más al norte y alcanzar otros estados.

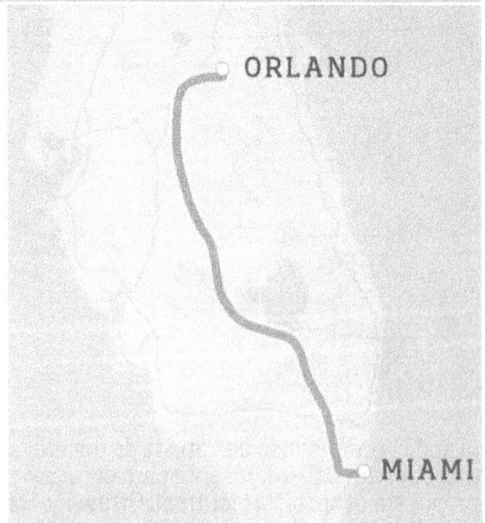

ORLANDO

MIAMI

Estados Unidos

DALLAS - LAREDO - HOUSTON

Esta propuesta crearía un sistema de ciudades que unifique los centros urbanos prominentes de Texas y resulte útil para los numerosos texanos que viajan largas distancias todos los días. Esta ruta tiene la oportunidad de reducir la huella de carbono y el embotellamiento del estado al conectar las comunidades de Dallas, Fort Worth, Austin, San Antonio, Houston y Laredo.

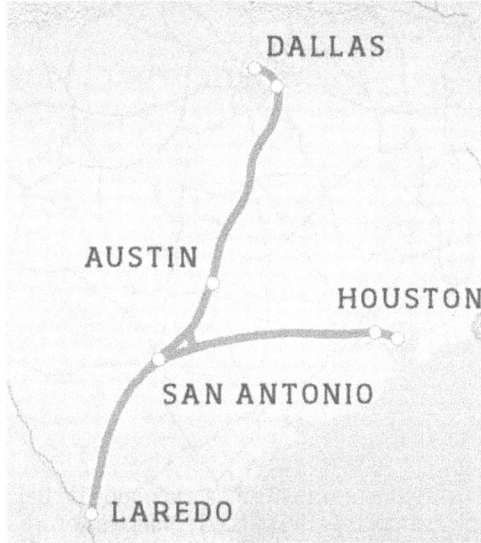

DALLAS

AUSTIN

HOUSTON

SAN ANTONIO

LAREDO

Estados Unidos

CHICAGO - COLUMBUS - PITTSBURGH

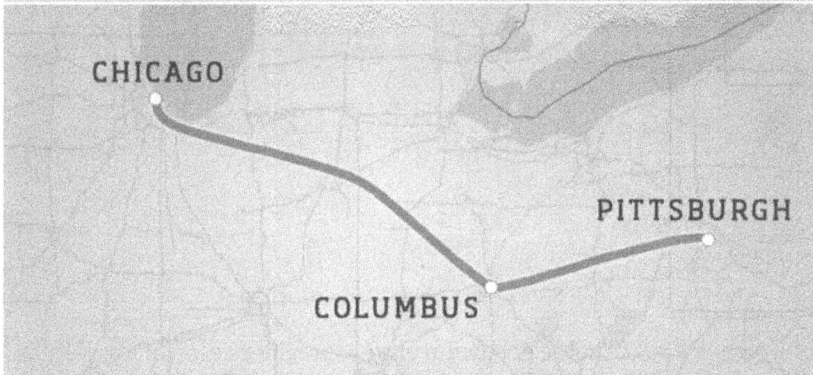

CHICAGO

PITTSBURGH

COLUMBUS

Esta ruta transformaría el movimiento de personas en el Medio Oeste y le otorgaría un impulso al desarrollo de estas comunidades. Existe un vasto potencial económico sin explotar en la región, ya que actualmente no hay carga directa o conexión ferroviaria de pasajeros a lo largo del corredor.

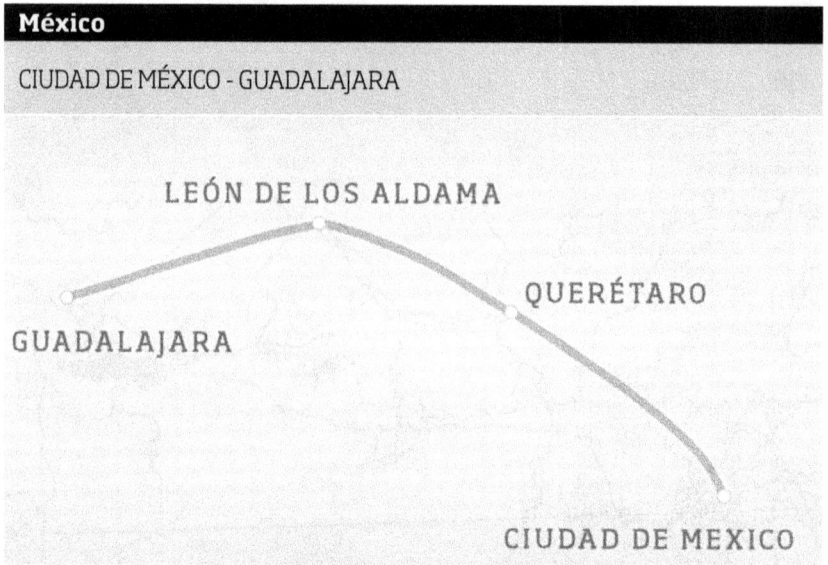

México

CIUDAD DE MÉXICO - GUADALAJARA

LEÓN DE LOS ALDAMA

QUERÉTARO

GUADALAJARA

CIUDAD DE MEXICO

110

La propuesta transformaría la región de Bajío y mejoraría el perfil de infraestructura del país. Un enlace interurbano de alta velocidad podría aliviar la congestión, conectar los grupos de trabajo y crear sinergias económicas entre la Ciudad de México, Querétaro, León y Guadalajara, lo que traería una nueva era de movilidad a México.

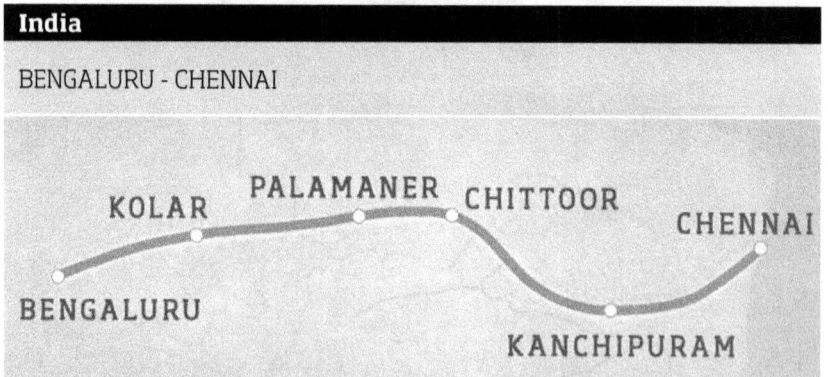

India

BENGALURU - CHENNAI

KOLAR   PALAMANER   CHITTOOR

CHENNAI

BENGALURU

KANCHIPURAM

Este corredor industrial se encuentra entre las regiones económicas de más rápido crecimiento en la India, anclado por dos de las potencias urbanas del subcontinente. Un sistema Hyperloop fortalecería el desarrollo económico a lo largo de la ruta y proporcionaría nuevas oportunidades para viajar y vivir entre ciudades.

Reino Unido

EDIMBURGO - LONDRES

Este sistema de pasajeros pasaría por Londres, Birmingham, Manchester y Edimburgo, y formaría la columna vertebral de una red nacional. La propuesta apunta a reducir las desigualdades socioeconómicas del país y reequilibrar el crecimiento en la región.

EDIMBURGO

MANCHESTER

BIRMINGHAM

LONDRES

India

MUMBAI - CHENNAI

Esta propuesta de ruta crearía un sistema de ciudades y proporcionaría una conexión este-oeste, crucial en toda la India. Un Hyperloop podría catalizar nuevas oportunidades económicas y vínculos industriales, y facilitar el movimiento de pasajeros y mercancías entre Mumbai, Bengaluru y Chennai.

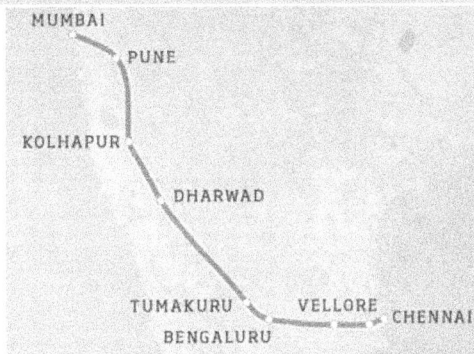

MUMBAI
PUNE
KOLHAPUR
DHARWAD
TUMAKURU   VELLORE   CHENNAI
BENGALURU

Reino Unido

GLASGOW - LIVERPOOL

Esta propuesta tiene como objetivo cerrar la brecha entre el corredor M62 y el cinturón central escocés, con Newcastle como nexo. El corredor podría convertirse en una importante puerta de entrada internacional y mejorar los flujos de pasajeros y carga en el este del Reino Unido.

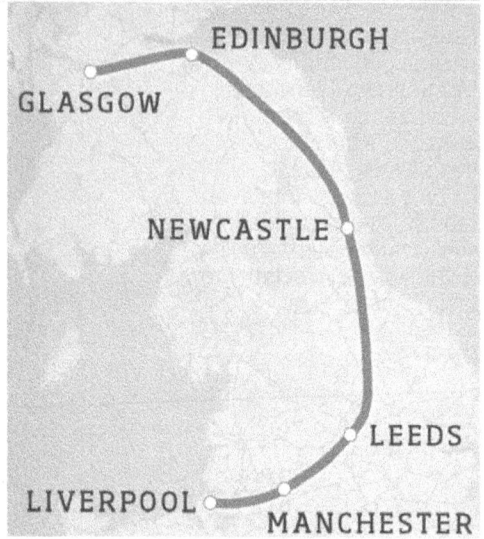

MÁS DUDAS QUE CERTEZAS

Hasta ahora las pruebas que se han llevado a cabo han sido sin pasajeros. Por lo tanto, algunos críticos de esta modalidad de transporte aseguran que la experiencia de viajar en un Hyperloop posiblemente sea desagradable y aterradora. ¿Por qué? Porque trasladarse en una cápsula estrecha, sellada y sin ventanas, dentro de un túnel de acero también sellado, sujeta a significativas fuerzas de aceleración, altos niveles de ruido debido al aire comprimido y conducida a velocidades casi sónicas, puede distar mucho de ser placentero. Incluso se plantean otros interrogantes. Si el tubo es liso, el terreno puede desplazarse debido a la actividad sísmica, o ni siquiera eso, a velocidades cercanas a los 270 m/s, las desviaciones de un milímetro de una trayectoria recta añadirían considerables zarandeos y vibraciones.

Además, dentro de las cápsulas los pasajeros no tendrían posibilidades de pararse, moverse, caminar dentro de ella o usar el baño durante el viaje. La pregunta surge de forma natural: ¿podrán obtener algún tipo de asistencia en caso de mareos producto del movimiento dentro del tubo? Esto se suma a las preguntas sobre cómo manejar el tema del mal funcionamiento del equipo, los accidentes y las evacuaciones de emergencia. John Hansman, físico estadounidense, actualmente profesor de Aeronáutica y Astronáutica de T. Wilson en el Instituto de Tecnología de Massachusetts, y miembro elegido del Instituto Americano de Aeronáutica y Astronáutica, ha citado múltiples problemas. Estos tienen que ver con la posible desviación en los tubos, pero también planteó algunos conceptos más simples: ¿qué pasaría si se interrumpiera el suministro de aire y la cápsula estuviera a kilómetros de una ciudad?

Por su parte, Richard A. Muller, profesor de física en la Universidad de California, hizo pública su preocupación por la vulnerabilidad de los tubos: ¿estos serían un objetivo tentador para los terroristas? Pero ¿acaso todos los desafíos tecnológicos conocidos no tuvieron que enfrentar cuestionamientos y dificultades?

Seguramente, el Hyperloop pruebe la capacidad de varios especialistas hasta llevarlos a la superación y a la fama, aunque, sobre todo, lo haga para consagrarse como el vehículo elegido para transportarse durante las próximas décadas.

La viabilidad de los sistemas Hyperloop aún tiene que resolver varios aspectos, pero todo indica que antes de la próxima década ya habrá algunas líneas en funcionamiento.

GLOSARIO

Aire comprimido. Aire cuyo volumen ha sido disminuido por compresión para utilizarlo al expandirse.

Álabe. Paleta curva de una turbomáquina o máquina de fluido rotodinámica.

Biarticulado. Que posee dos articulaciones en sus apoyos que le permiten girar y flexionar.

Bomba de viento. Tipo de máquina de fluido de desplazamiento expresamente diseñada para trabajar con aire.

Electroimán. Barra de hierro que se imanta artificialmente por la acción de una corriente eléctrica que pasa por un hilo conductor enrollado a la barra.

Escalabilidad. Se refiere al incremento de la capacidad de trabajo o de tamaño de un sistema sin comprometer su funcionamiento ni su calidad.

Estator. Circuito fijo dentro del cual gira el móvil o rotor en las dinamos y motores eléctricos.

Fuerzas G. Medida de aceleración basada en el incremento de velocidad de un objeto o una persona a causa de la gravedad.

Fuselaje. Cuerpo central del avión, donde van la tripulación, los pasajeros y las mercancías.

Hidroavión. Avión que lleva, en lugar de ruedas, uno o varios flotadores para posarse sobre el agua.

Inversores de empuje. Elementos que generan la desviación temporal de la salida de un reactor, de modo que los gases de escape sean expulsados en otra dirección distinta de la del avión.

Levitación magnética. Fenómeno por el cual un material dado puede, literalmente, levitar gracias a la repulsión existente entre los polos iguales de dos imanes.

Motor de reacción. Tipo de motor que descarga un chorro de fluido a gran velocidad para generar un empuje de acuerdo con las leyes de Newton.

Pascal (Pa). Unidad de presión en el Sistema Internacional de Unidades.

Resistencia aerodinámica. Fuerza que sufre un cuerpo al moverse a través del aire y, en particular, al componente de esa fuerza en la dirección de la velocidad relativa del cuerpo respecto del medio.

Rotor. Pieza de una máquina electromagnética o de una turbina que gira dentro de un elemento fijo.

Startup. Organización que desarrolla productos o servicios de gran innovación, altamente deseados o requeridos por el mercado.

Trackball. Periférico de entrada que tiene la misma funcionalidad que un *mouse*.

Torque. Capacidad que tiene una fuerza aplicada en algún punto de un cuerpo rígido para producir un giro o rotación alrededor de ese punto.

Turbohélice. Tipo de motor de turbina de gas que mueve una hélice.

BIBLIOGRAFÍA RECOMENDADA

◦ Abad Linán, José Manuel. **"Maglev", el tren que vuela**, disponible en internet: www.elpais.com/elpais/2015/04/27/ciencia/1430131846_584960.html.

◦ Aero Tendencias. **Se cumplen 100 años del primer vuelo comercial**, disponible en internet: ww.aerotendencias.com/aviacion-comercial/21024-se-cumplen-100-anos-del-primer-vuelo-comercial/.

◦ Airbus A380, disponible en internet: https://www.airbus.com/aircraft/passenger-aircraft/a380.html.

◦ Asociación española de codificación comercial (AECOC). **Hyperloop: el concepto, la evolución y las dudas que aún rodean al futurista transporte de Elon Musk**, disponible en internet: www.aecoc.es/innovation-hub-noticias/hyperloop-el-concepto-la-evolucion-y-las-dudas-que-aun-rodean-al-futurista-transporte-de-elon-musk/.

◦ Blodget, Henry. **Transport Blogger Ridicules The Hyperloop - Says It Will Cost A Fortune And Be A Terrifying "Barf Ride"**, disponible en internet: www.businessinsider.com/hyperloop-barf-ride-2013-8.

◦ Brandom, Russell. **Speed bumps and vomit are the Hyperloop's biggest challenges**, disponible en internet: www.theverge.com/2013/8/16/4626506/speed-bumps-and-vomit-are-the-hyperloops-biggest-challenges.

◦ BYD Auto, disponible en internet: www.byd.com.

◦ Cellan-Jones, Rory. **Hyperloop One: así son las pruebas del vehículo de Virgin que podría viajar a casi 1.200 km/h a través de un tubo**, disponible en internet: www.bbc.com/mundo/noticias-42757190.

◦ Civitatis, guía turística, disponible en internet: www.disfrutashanghai.com/tren-maglev.

◦ Coelho, Fernando. **Qué es y cómo funciona Hyperloop, el transporte del futuro,** disponible

en internet: www.computerhoy.com/noticias/life/
que-es-como-funciona-hyperloop-transporte-del-futuro-65431.

- Culturizando. ¿Quién fue Nikola Tesla? (+Frases), disponible en internet:
www.culturizando.com/capsula-cultural-quien-fue-nikola-tesla.

- Euro News, Business line, disponible en internet:
www.youtube.com/watch?v=nMkljKkRrMc.

- France 24, Ciencia y tecnología, disponible en internet:
www.youtube.com/watch?v=b2X6Xo-tz0E&t=170s.

- Info Cruceros. **Symphony of the seas**, disponible en internet:
www.youtube.com/watch?v=6pt04K3gd5Y.

- Musk, Elon. **Hyperloop Alpha**, disponible en internet:
https://assets.sbnation.com/assets/3047069/hyperloop-alpha.pdf

- Polanco Masa, Alejandro. **El tren atmosférico**, disponible en internet:
www.alpoma.net/tecob/?p=256.

- Royal Caribbean. **Symphony of the seas**, disponible en internet:
www.royalcaribbean.com/lac/es/cruise-ships/symphony-of-the-seas.

- Shanghái Maglev Transportation Development, disponible en internet:
www.smtdc.com.

- Slotnick, David. **El final del Airbus A380 es inminente: así pasó de
ser un símbolo de estatus para las aerolíneas a ser rechazado
en solo 10 años**, disponible en internet: www.businessinsider.es/
airbus-a380-historia-gran-avion-fotos-detalles-futuro-490303.

- SpaceX. **Starship**, disponible en internet:
https://www.spacex.com/starship

- Virgin Hyperloop One. **Our story**, disponible en internet:
https://hyperloop-one.com/our-story

- Virgin Hyperloop One, the B1M, disponible en internet:
www.youtube.com/watch?v=zcikLQZI5wQ.

- Wired. **Primer test de prueba de Hyperloop One**, disponible en
internet: www.youtube.com/watch?v=O_FyOBCVGWE.

TÍTULOS DE LA COLECCIÓN